HISTOIRE NATURELLE

APPLIQUÉE A LA CHIMIE,

AUX ARTS, AUX DIFFÉRENTS GENRES

DE L'INDUSTRIE,

ET AUX BESOINS PERSONNELS DE LA VIE.

PAR SIMON MORELOT,

Ancien professeur d'histoire naturelle et de chimie pharmaceutique, docteur-médecin de l'université de Leipsic, membre de plusieurs académies nationales et étrangères, pharmacien en chef du corps d'armée du général Gouvion-Saint-Cyr, etc.

TOME PREMIER.

A PARIS,

Chez
{
F. SCHŒLL, libraire, rue des Fossés-Saint-Germain-l'Auxerrois, n° 29.

H. NICOLLE, à la Librairie stéréotype, rue des Petits-Augustins, n° 15.
}

1809.

HISTOIRE NATURELLE

APPLIQUÉE A LA CHIMIE,

AUX ARTS, AUX DIFFÉRENTS GENRES

DE L'INDUSTRIE,

ET AUX BESOINS PERSONNELS DE LA VIE.

DE L'IMPRIMERIE DES FRÈRES MAME,
rue du Pot-de-Fer, n° 14.

SE TROUVE A BERLIN,
Chez DUNKER et HUMBLOT, Libraires.

A MONSIEUR

LE CONSEILLER D'ÉTAT DARU,

Intendant général de la grande armée, commandant de la Légion d'honneur, membre de l'Institut impérial de France, etc. etc.

MON GÉNÉRAL,

On dira peut-être que j'ai succombé à la vanité de m'étayer d'un grand nom, du nom d'un savant littérateur, d'un administrateur habile, intègre, investi de la confiance du plus grand des héros, du souverain monarque de l'Empire français, dont le génie aussi vaste qu'étonnant embrasse tous les genres d'administration, toutes les sciences, tous les arts, qu'il honore de sa protection spéciale. En vous dédiant cet ouvrage, mon Général, je n'ai consulté que mon cœur; lui seul m'a toujours conduit dans toutes mes actions;

et l'hommage que je prends la liberté de vous rendre publiquement est un tribut que vous doit ma reconnoissance. Vous m'avez honoré d'une distinction particulière; les éloges que vous avez bien voulu donner aux services que j'ai été assez heureux de rendre à l'armée dans l'exercice de mes fonctions, dans les missions particulières qui m'ont été confiées, ont encouragé mon zèle, et le désir que j'ai toujours eu de mériter l'estime de mes supérieurs. J'ose espérer, mon Général, que cet ouvrage ne sera pas indigne de l'homme en place, du savant à qui j'ai l'honneur d'en offrir la dédicace. C'est dans cette espérance que je vous prie de l'agréer, et de me continuer votre bienveillante protection.

J'ai l'honneur d'être avec un très profond respect,

Mon Général,

Votre très humble serviteur,
Simon MORELOT.

RAPPORT

DE MM. DE L'UNIVERSITÉ

DE LEIPSIC.

M. le docteur et professeur Morelot, savant très res-
pectable, connu depuis long-temps par ses ouvrages
et par un grand nombre de mémoires relatifs aux
sciences qu'il professe et aux différents arts chimiques,
après avoir fait dans les mois de février, mars et avril
de cet an, dans une des salles de l'université, un
cours d'histoire naturelle et de chimie, cours dont
nous avons déjà rendu compte dans la feuille du 30 mars
dernier de notre gazette littéraire, vient de nous présenter le résumé méthodique de ce cours, dans un ouvrage manuscrit, intitulé : « Description de l'utilité
« que les hommes peuvent tirer des productions des
« trois ordres de corps de la nature , *ou* la Philoso-
« phie de la nature considérée chimiquement, et dans ses
« rapports avec les arts , les différents genres de l'in-
« dustrie, et les besoins personnels de la vie (1), »
lequel il se propose de rendre public par la voie de
l'impression.

Flatté de rendre hommage à ce savant Français
que notre université se félicite de compter au nombre

(1) C'est le titre sous lequel l'auteur vouloit d'abord publier
cet ouvrage.

viij

de ses membres honoraires, je me suis empressé d'in-
viter M. Eschenbach, professeur de chimie, qui a
suivi avec moi le cours de M. le professeur Morelot,
de rendre compte du système de physique et de chimie, développé par ce savant célèbre dans ledit
cours, et exposé méthodiquement dans son ouvrage,
dont il a bien voulu nous communiquer le manuscrit.

M. Eschenbach, s'étant occupé de l'examen de ce
nouveau système, en a fait un rapport en ces termes :

« M. Morelot distingue les corps naturels en trois
« ordres, savoir : en agents essentiels, qu'il considère
« comme préexistants et indépendants des deux au-
« tres; en productions immédiates, et il comprend
« parmi celles-ci les deux ordres de corps organisés,
« végétaux et animaux; et en productions médiates,
« ou produits proprement dits; ceux-ci comprennent
« tous les corps qui appartiennent à l'ordre des miné-
« raux.

« Le but que s'est proposé le professeur Morelot
« est de démontrer que tous les corps qui existent par
« rapport à nous doivent leur origine et leur déve-
« loppement à cinq causes essentielles, savoir; 1° aux
« combustibles simples gazeux ; *hydrogène* et *azote ;*
« 2° au principe de combustion, *gaz oxigène ;* 3° à
« la combinaison de ces corps gazeux combustibles avec
« le gaz oxigène ; d'où il résulte dégagement de lu-
« mière, de calorique libre ou thermométrique, for-
« mation d'air respirable, formation d'eau; 4° aux
« germes spécifiques végétaux et animaux, dont le
« développement, l'accroissement, la maturité, le
« décroissement, ne peuvent s'opérer que par une
« combustion ou oxigénation commençante, moyenne

« et complète ; 5° enfin à la désorganisation pareil-
« lement commençante, moyenne, complète et ab-
« solue des végétaux et des animaux, laquelle donne
« naissance à toutes les espèces de terres, d'acides
« minéraux, de pierres, de sels, de métaux, aux dif-
« férents états sur lesquels les derniers se rencontrent
« dans la nature, aux minéraux d'accidents ; aux pro-
« duits des volcans, et aux eaux minérales.

« Pour justifier la vérité de cette assertion que l'au-
« teur regarde comme démontrée, il a recours à l'a-
« nalyse chimique comparée, et il fait remarquer que
« celle qui s'opère dans le laboratoire de la nature
« est plus lente, mais plus sûre, plus exacte, que
« celle que l'on opère dans les laboratoires des chi-
« mistes. Il lui suffit de faire connoître que les prin-
« cipes qui constituent les corps organisés végétaux
« et animaux, et que nous sommes parvenus à iso-
« ler, dont nous pouvons démontrer l'existence, sont
« précisément ceux qui constituent les diverses espèces
« de minéraux connus, et dont l'état ou plus simple
« ou plus complexe est secondé de la puisssance qu'exer-
« cent sur ces principes les agents primitifs et secon-
« daires de la nature.

« Cet ouvrage est proprement didactique ; il est
« écrit avec méthode, le style en est facile, clair,
« précis, à la portée de tous les lecteurs ; et ce qui
« doit le faire rechercher de toutes les classes des
« citoyens, c'est qu'il réunit tous les genres d'utilités que
« l'économie domestique, l'économie rurale, les arts
« de nécessité, d'agrément, de luxe, la médecine et
« la chimie peuvent recueillir de la connoissance des
« corps de la nature.

« L'auteur renvoie ses lecteurs aux Dictionnaires
« d'histoire naturelle, de chimie, et à son Diction-
« naire général des drogues simples et composées,
« publié en 1807, pour les connoissances de détails
« qui signalent chaque substance dont il a dû se con-
« tenter de citer les noms dans ses tableaux synop-
« tiques. »

Signé :

D. CHRISTIAN GOTTHOLD ESCHENBACH,

Professeur de chimie, et membre de la faculté de
médecine à l'université de Leipsic.

Jaloux de donner à M. Morelot un témoignage réi-
téré de reconnoissance et d'estime fondé sur l'admiration de ses talents, de ses connoissances étendues, je
n'ai pas manqué de lui communiquer ce rapport, en
lui répétant les assurances de mon estime.

A Leipsic, ce 12 avril 1807.

Signé :

CHRETIEN DANIEL ERHARD,

Recteur de l'université de Leipsic, membre des tribu-
naux supérieurs de la Saxe et de la Basse-Lusace,
docteur régent de la faculté des jurisconsultes,
professeur ordinaire des Institutes du droit romain,
membre de la commission de législation de l'empire
de Russie, comme des sociétés littéraires d'Erfurt,
de Varsovie, de la Lusace supérieure, etc. etc.

AVERTISSEMENT.

ENTREPRENDRE de faire la description de l'utilité que les hommes peuvent tirer des productions des trois ordres de corps de la nature, est une de ces conceptions vastes, sublimes et hardies, laquelle exerce depuis long-temps l'imagination des savants, et dont cependant jusqu'ici aucun d'eux en particulier ne s'est occupé *ex professo*. La société batave des sciences de Rotterdam proposa ce sujet au concours en 1805, et fixa le terme fatal pour l'envoi des mémoires au mois de février 1807. A cette époque, je m'occupois de la confection de mon Dictionnaire général des drogues, lequel est entre les mains du public depuis le mois de mars 1807. Me voyant muni d'un grand nombre de matériaux dont j'avois indiqué les propriétés et les divers usages, je me livrai à ce nouveau genre de travail, pour lequel je me

sentois un goût particulier depuis long-
temps, malgré les difficultés sans nombre
qui sembloient devoir m'en éloigner. J'a-
vois l'honneur de servir sous les drapeaux
de Sa Majesté l'Empereur et Roi, en
qualité de pharmacien major à la grande
armée ; les campagnes d'Autriche et de
Prusse, qui ont couvert d'une gloire im-
mortelle le plus grand des héros, lequel
a su joindre à l'éclat de ses lauriers les
vertus touchantes qui lui soumettent tous
les cœurs, ne laissoient guère de moments
à ma disposition : des marches continuelles,
un service actif dans les hôpitaux d'ambu-
lance ; dans ceux que l'on établissoit pro-
visoirement, la difficulté de m'entourer
des lumières des savants, en consultant
leurs ouvrages dont j'étois totalement
privé, rien n'a pu ralentir mon zèle : je
mis à profit toutes les heures du jour et
une grande partie de celles des nuits qui
n'étoient pas consacrées à mon service,
et j'achevai mon manuscrit assez à temps
pour être adressé à M. *Henri Ravèques,*

secrétaire de la société batave à Amster-
dam, à qui l'annonce indiquoit de l'a-
dresser. Ce savant me fit l'honneur de
m'écrire que la société batave avoit retiré
ce sujet du concours, mais que mon manuscrit, dont les principaux membres
avoient pris lecture, avoit été jugé digne
d'être présenté à la société royale de Harlem, et qu'il m'en demandoit la permis-
sion. J'ai cru devoir informer le public de
ces détails particuliers, par la raison que
mon manuscrit est resté pendant neuf
mois entre les mains de M. *Henri Ra-*
véques, sans avoir été soumis au jugement de la société royale de Harlem, et
que je dois constater la priorité et la légi-
timité de ma propriété, dans le cas où il
arriveroit qu'un ouvrage travaillé sur le
même plan vînt à paroître soit en langue
étrangère, soit même en langue française,
comme traduction ou comme copie im-
primée.

Le rapport avantageux qu'ont fait de
cet ouvrage MM. *Erhard,* ancien recteur

de l'université de Leipsic, dont j'ai l'honneur d'être membre, et *Eschenbach*, professeur de chimie, n'est pas un titre que je considère comme irrévocable pour confirmer la doctrine que j'ai établie sur les causes physiques et chimiques de la formation des corps naturels, en remontant à leur origine, et pour fixer l'opinion publique en sa faveur. J'ai été trop bien traité par ces savants et par MM. les professeurs de cette célèbre université, pour n'avoir pas à craindre qu'une bienveillante prévention n'ait dicté ce qu'il y a d'obligeant pour moi dans ce rapport. C'est donc aux savants de mon pays, dont j'ai l'honneur d'être connu par mes précédents ouvrages, que je prends la liberté d'adresser celui-ci, en les priant de rectifier mon opinion si elle est erronée, ou de l'appuyer de leurs observations, s'ils la jugent digne d'être accueillie.

Dans l'introduction de la Pharmacie chimique minérale de mon Cours élémentaire, troisième volume, an 1803, j'ai posé les premières bases de l'édifice que j'ose exposer à tous les yeux aujourd'hui. Mais quels sont les monuments, les produits du génie, ceux des arts, de l'industrie , que l'on puisse regarder comme finis ? Heureux si nous pouvons énoncer quelques vérités ! Non moins heureux si nous ne nous sommes pas trop éloignés de celle que nous cherchons , et qui fera perpétuellement l'objet de nos recherches !

Jusqu'ici l'on a compris sous une même acception de nom tous les corps de la nature. Sans doute , tout ce qui est a été produit par un agent ou une puissance quelconque ; mais tout ce qui est n'est-il pas soumis à des puissances qui varient entre elles , et qui nécessairement ne peuvent pas être les mêmes? En comprenant implicitement tous les corps sous le nom générique , *productions* , il me semble impossible de ne pas être entraîné à des erreurs inévitables sur la connoissance parfaite de chacun des corps en particulier. Bien certainement il doit y avoir une grande différence entre l'agent de production, la production, la cause du produit, et le produit proprement dit. Telles sont les premières distinctions que j'ai cru devoir établir parmi les corps de la nature, et je pense avoir résolu ce problème, en les divisant en trois ordres bien distincts; savoir,

en 1° Agents de la nature;

2° Productions immédiates;

3° Productions médiates, ou produits proprement dits.

Dans le premier ordre, je distingue les agents en primitifs et secondaires. Je fais remarquer que les agents primitifs sont immédiats, simples et composés; que les agents primitifs simples ont été les premiers corps qui aient existé, et que les agents primitifs composés doivent leur existence à la combinaison des agents primitifs simples les uns avec les autres.

Je considère les agents secondaires comme produits médiats, c'est-à-dire dont l'origine est due aux corps organisés.

Dans le second ordre, j'établis ce que

l'on doit comprendre sous le nom de productions immédiates, et je divise cet ordre
en deux genres, savoir, 1° les corps organisés végétaux, 2° les corps organisés
animaux.

Le troisième ordre comprend les corps
inorganiques que je considère comme productions médiates, c'est-à-dire dont la
formation est due à la désorganisation des
végétaux et des animaux, isolément ou
simultanément, et aux diverses combinaisons que subissent les principes de ces
corps désorganisés.

Le lecteur ne manquera sûrement pas
dere garder comme un système l'opinion
que je soumets à son jugement, et sur laquelle je crois pouvoir asseoir l'origine et
la formation des corps des trois ordres de
la nature. Le plus ordinairement ce mot
système est pris en défaveur; mais je
supplie toutes les personnes qui liront cet
ouvrage de suspendre leur jugement jusqu'à ce qu'elles l'aient lu complètement,
et de se dépouiller de toute espèce de pré-

ventions, jusqu'à ce qu'après en avoir
achevé la lecture, elles se soient mises en
état de comparer les anciennes idées dont
elles sont imprégnées, aux nouvelles
qu'elles auront perçues. Il n'est aucune
science, aucun art, qui n'ait quelque
côté foible, et même imparfait : une doctrine nouvelle est bien plus exposée encore à être aperçue dans ses imperfections,
précisément parcequ'elle est en opposition
à une doctrine ancienne, et que l'esprit
humain a de la peine à faire l'abandon des
connoissances avec lesquelles il s'est élevé,
et dont il s'est pénétré depuis une suite d'années plus ou moins longue, pour en adopter
de nouvelles, de la validité desquelles il
lui est permis de douter jusqu'à ce que
des observations ultérieures, l'expérience
des faits, et celle du temps, lui aient démontré qu'elles sont en effet plus exactes
et plus probantes. C'est donc à la maturité des réflexions, à un examen appro-
fondi, à une judicieuse comparaison de
l'ancienne théorie à celle que je présente

dans cet ouvrage , que j'en réfère , pour
qu'elle soit ou approuvée , ou reléguée
dans l'éternelle nuit: Si je n'ai pas obtenu
l'assentiment général , peut-être aurai-je
mérité quelque suffrage sur la partie relative à la description de l'utilité que l'on
peut tirer des corps des trois ordres de la
nature, et de ceux auxquels j'ai donné le
nom d'agents primitifs , et qui présentent
un ordre distinct , nécessaire , indépen-
dant des autres corps , dont cependant
presque tous sont ce que l'on nomme leurs
principes composants.

Je fais connoître d'abord ces agents primitifs par leurs noms ; leurs propriétés
physiques et chimiques ; les usages auxquels on peut les appliquer , et les côtés
par lesquels ils peuvent être utiles soit
dans les arts , soit dans l'économie domestique. J'ai eu soin de les placer conformément à leurs degrés de légèreté , d'é-
lasticité et de simplicité; en sorte que dans
le tableau synoptique qui termine l'énumération de ces agents , on remarque que

ceux qui sont simples précèdent ceux qui
sont composés.

Immédiatement après je présente la série des agents secondaires, lesquels comprennent les combustibles simples qui
procèdent de la désorganisation des corps
organisés, et qui en sont réellement les
principes composants pendant leur existence organique.

Cette première tâche remplie, j'entre
en matière à l'égard des corps organisés,
et je donne la priorité aux végétaux, quoique je sois convaincu que les animaux
destinés à vivre dans l'eau et les végétaux aquatiques ont pris naissance dans
ce même liquide, et dans le même temps.
Mais il falloit établir un certain ordre dans
la distribution des matières, et j'ai cru devoir commencer par celle des parties des
végétaux, comme composés d'un moindre
nombre d'organes et de principes.

Quoiqu'il existe un grand nombre d'ouvrages, tant de la part des naturalistes,
que de celle des botanistes, lesquels ne

laissent rien , ou presque rien à désirer
sur l'organisme végétal, sur les principaux
caractères physiques qui en forment un
ordre de corps bien distinct des animaux,
sur les différences qui signalent les végétaux aquatiques et terrestres , sur la nature de l'aliment que les uns et les autres
s'approprient pour parcourir tous les espaces de leur vie organique , sur l'examen
des diverses parties qui les composent ;
enfin, sur tous les produits immédiats qui
leur appartiennent, et qu'ils peuvent fournir à nos usages, soit par une sorte d'analyse mécanique naturelle ou artificielle,
soit par une puissance ou une action inci-
dentelle , soit encore par l'art chimique ,
je n'ai pas négligé de rappeler ces belles et
grandes idées en traitant des végétaux en
général , persuadé que c'est au moyen de
bonnes définitions que l'on parvient à
bien connoître les corps naturels, et que
de cette connoissance on arrive insensiblement à celle de leur utilité. C'est ainsi
que, passant en revue toutes les parties

des végétaux, depuis les racines jusqu'à
la semence inclusivement, et faisant connoître ensuite les mousses, les lichens,
les champignons, les excroissances fongueuses, les galles-insectes, et les produits
immédiats des végétaux, je puis établir,
avec une espèce d'ordre et de méthode, les
divers points d'utilité auxquels chaque
division de parties des végétaux, chaque espèce de produits, soit immédiats,
soit d'accidents, soit de désorganisation
incomplète, peuvent se rapporter à nos
besoins domestiques, à l'économie rurale,
et aux différents arts.

.. Le tableau des usages ou de l'utilité que
l'on tire des végétaux est immense, et il
paroît très difficile, au premier aspect, de
ne point faire d'omissions dans une description aussi étendue ; mais en multipliant, comme je l'ai fait, les divisions de
services, je crois avoir embrassé tous les
genres d'utilité connus. Quant aux espèces
individuelles, j'ai pensé qu'il étoit suffisant d'en consigner les noms, renvoyant,

pour le surplus des connoissances de détails particuliers à acquérir sur leur compte, aux Dictionnaires d'histoire naturelle, et notamment à mon Dictionnaire général des drogues simples et composées.

Pour compléter l'ordre des végétaux, je le termine par la description des produits de leur combustion moyenne et absolue, et par celle des produits de la fermentation.

L'histoire générale des animaux, celle de leurs produits tant extérieurs qu'intérieurs, ne paroîtra peut-être pas moins curieuse et méthodique que celle des végétaux. J'ai suivi, à l'égard des animaux, l'ordre qui m'a paru le plus relatif à leur création, d'après les idées que j'ai émises sur la chaîne qui les lie les uns aux autres, et sur les circonstances dans lesquelles ils ont dû nécessairement être placés pour rencontrer les aliments propres à contribuer au développement de leur organisation respective.

Les animaux sont utiles aux hommes

pendant leur état de vie organique , et
après leur mort ; mais les services qu'ils
nous rendent lorsqu'ils sont privés de la
vie sont beaucoup plus nombreux, par la
raison que chacune des parties organiques
qui les constituent offre des points d'utilité qui lui sont propres, et que plusieurs
de ces parties organiques sont susceptibles
d'une infinité de modifications qui en
multiplient les services. Je ne m'étendrai
pas sur les divisions que j'ai établies à
l'égard des animaux ; il me suffira de dire
que je n'ai négligé aucun des moyens
propres à les faire connoître par le genre
auquel ils appartiennent, et par les services qu'ils peuvent rendre par leurs diverses parties.

L'histoire naturelle des minéraux, quoique beaucoup étudiée , m'a paru avoir
besoin de l'être encore : je ne dissimu-
lerai pas que l'étude particulière que j'en
ai faite m'a occasionné un long et pénible
travail. Dans l'intime conviction où je
suis que tous les corps minéraux pro-

cèdent de la désorganisation des végétaux
et des animaux, tant isolément que simultanément, et successivement de la
combinaison des principes qui faisóient
partie de l'organisme végétal et animal,
il m'a fallu, pour en démontrer la véritable
origine telle que je la conçois, telle que
j'ai eu intention de la faire concevoir;
suivre de l'œil du naturaliste, et mieux
encore de celui du physicien chimiste ;
toutes les phases que parcourent les végétaux et les animaux, lors de leur désorganisation ; laquelle est commençante,
moyenne, ou incomplète, complète et
absolue.

On s'étonne de voir des terrains qui
ont une couche de terre *humus* dite des
jardins, si peu épaisse sur les couches
d'argile, de sable, ou de terres mélangées
qui lui servent de supports : on s'étonne
de voir le terreau que l'on a épandu sur
un terrain sablonneux disparoître en si
peu de temps, ne laisser aucune trace de
son état primitif, et ne plus laisser aper-

cevoir que le sable sur lequel on l'avoit
étendu : c'est qu'on ne fait pas attention
que ce terreau ou terre des jardins, qui
est un produit d'une désorganisation complète des végétaux, et quelquefois aussi
des animaux, doit passer successivement
à une désorganisation absolue, et que
dans ce dernier état les principes fixes
qu'il contenoit sont mis à nu, tandis que
les principes volatils ou gazeux, ou de-
venus gazeux, se sont dégagés. Mais je ne
dois pas prévenir le public en faveur des
définitions, des divisions, des raisonne-
ments, des démonstrations, que j'ai établis, autant qu'il m'a été possible, sur
des faits, pour appuyer mon opinion sur
l'origine des corps minéraux. Tout ouvrage imprimé est à la disposition de son
lecteur, et soumis à son jugement : si je
n'ai pas réussi à le convaincre, à lui faire
adopter mes idées, je le prie d'adoucir la
rigueur de sa critique en faveur de mon
intention.

TABLE DES MATIÈRES.

TOME PREMIER.

DES AGENTS PRIMITIFS DE LA NATURE.

TOME SECOND.

II.   DES ANIMAUX.

DES PRODUCTIONS MÉDIATES, OU MINÉRAUX.

I.   c

FIN DE LA TABLE DES MATIÈRES.

DES TROIS ORDRES

DE CORPS

DE LA NATURE *.

~~~~~~~~~~~~~~~~~~~~~~~~~~~~~~~~~~~~~~~

INTRODUCTION GÉNÉRALE.

L'HOMME environné de toutes parts par les corps de la nature dont il fait lui-même partie, avec un grand nombre desquels il entretient des rapports plus ou moins intimes, est nécessairement porté à l'étude de ces corps au milieu desquels il se trouve placé. Ses besoins, ses plaisirs, les dangers qui menacent sa vie, sollicitent toute son attention, tiennent ses sens dans une activité constante : il a tout à la fois à rechercher l'aliment qui doit le nourrir, à

---

* Nous nous servons du mot *ordre*, et non pas de celui de *règne*, que les modernes ont supprimé, parce que la nature est une puissance unique qui ne peut pas être divisée en puissances partielles.

éviter la substance délétère qui porteroit atteinte à ses jours, et à se mettre en garde contre les animaux féroces et venimeux qui sont les ennemis nés de tout ce qui n'est pas de leur espèce. Pour satisfaire à ces trois lois qui commandent sa sollicitude perpétuelle, la nature a doué l'homme de toutes les facultés propres à y obéir. Les sens physiques de l'homme naturel sont généralement très fins, très subtils; les impressions qu'ils reçoivent sont telles qu'elles doivent être; elles ne le trompent pas sur le choix qu'il doit faire parmi les corps qu'il peut assimiler à sa substance, ou qu'il est intéressé à en éloigner. C'est ainsi que, par l'organe du goût, à l'aide duquel s'opère l'analyse la plus simple, la plus voisine de la nature, l'homme sait distinguer dans une plante, par exemple, la substance savoureuse et alimenteuse de celle qui est âcre et délétère; c'est par l'organe de la vue qu'il compare sa force physique à celle des animaux d'une autre espèce que la sienne qui se meuvent devant lui, et le sentiment de sa

puissance ou de son impuissance détermine
son attaque ou sa retraite. Ses idées se déve-
loppent, se succèdent, se multiplient; son intelligence s'accroît à mesure que ses besoins
s'étendent et deviennent plus impérieux; alors
il met en jeu toutes ses facultés pensantes,
toutes ses facultés agissantes. Les premières lui
font remarquer les différences essentielles qui
signalent chacun des corps qu'il aperçoit; les
secondes règlent le mode d'action auquel il se
propose de soumettre ces corps pour en tirer
le plus de services possibles. De là naissent
insensiblement toutes les parties de l'industrie
que des travaux multipliés à l'infini, mille et
mille expériences, et le temps qu'il nous seroit
bien difficile de compter, ont portées au point
de perfection où nous les voyons aujourd'hui,
et qui laisseront toujours quelques nouvelles
découvertes à faire, quelque chose de nouveau
à désirer.

Pour aborder la question proposée et con-
signée au titre, deux grands objets se présentent

essentiellement. Le premier doit comprendre
la connoissance des corps naturels ; le second
doit embrasser celle de leurs propriétés physiques , de leur usage relatif à nos besoins personnels, de leur rapport avec les arts et les
différents genres d'industrie. Cette question est
grande et d'une vaste conception : essayer de la
résoudre est une entreprise hardie pour laquelle il faut savoir faire le sacrifice de son
amour-propre en faveur de la science et du
service que l'on peut rendre , même en n'at-
teignant pas le but que l'on se propose.

Ici, nous devons franchir d'un plein saut le
grand intervalle qui tient éloigné l'homme naturel encore dans l'enfance de l'étude de la
nature, du naturaliste savant qui a mis à profit
les connoissances acquises avant lui, et qui les a
augmentées du produit de ses propres travaux.

Tous les corps qui existent appartiennent à
une seule puissance (la nature); tous se lient,
se rattachent les uns aux autres par une chaîne
de communication réciproque; dans quelques

uns, par assimilation et appropriation ; dans certains autres, par la double voie de décomposition et d'attraction de combinaison.

Les caractères qui signalent les corps de la nature ont paru assez tranchants pour les soumettre à des divisions propres à en rendre l'étude plus facile. On les a tous compris d'abord sous deux grands ordres; savoir, le premier, qui embrasse les corps organisés; le second, qui appartient exclusivement aux minéraux.

Parmi les corps organisés, on distingue les végétaux des animaux; en sorte que les uns et les autres présentent réellement deux ordres de corps parfaitement distincts.

Toutes savantes et commodes que paroissent ces divisions adoptées par les naturalistes, elles me semblent incomplètes, puisqu'elles n'embrassent pas la totalité des corps connus, et qu'elles laissent une lacune à remplir, d'autant plus importante, que ceux des corps de la nature auxquels on n'a jusqu'ici assigné aucune place, jouent le plus grand rôle dans la formation des autres corps soumis aux méthodes classiques. Ces corps sont la lumière, le calorique, les fluides gazeux, hydrogène, azote, oxigène, l'air atmosphérique et l'eau : ce sont les agents primitifs de la nature ; sans eux, tout ce qui est ne seroit pas : leur existence est indépendante de celle des végétaux, des animaux et des minéraux ; tandis que l'existence de ceux-ci dépend non seulement de la présence de ces agents, mais même de leur puissance coordonnée dans de justes proportions.

Si nous portons plus loin nos réflexions, si nous examinons la nature dans tout son ensemble, dans tout ce qu'elle présente à nos yeux, dans tout ce qu'elle offre à nos besoins, à nos usages, à nos jouissances, nous voyons qu'il reste encore une belle et grande question à résoudre. Quels sont les corps de la nature qui peuvent être compris justement sous le nom de *productions* de la nature? Jusqu'ici ce mot (*production*) a été pris dans une acception trop générique, et on y a compris indistinctement non seulement tous les corps qui appartiennent aux trois ordres , mais même ceux qui en sont indépendants et qui en sont les principaux agents ; de là confusion dans les idées relativement aux choses, retard dans les progrès de la science des corps physiques , difficulté d'établir une théorie satisfaisante de la nature.

Le génie humain a sans doute un terme auquel il est forcé de s'arrêter ; mais nous est-il connu ? La puissance qui voudroit l'assigner ne seroit l'amie ni des sciences, ni de l'humanité. Si l'on parvient à démontrer qu'il est des corps qui sont causes de productions , on sera forcé de convenir que tous les corps qui existent ne sont pas des productions : si l'on peut démontrer encore qu'il est des produits qui naissent d'un changement dans l'ordre des productions, on ne pourra pas se défendre de distinguer les productions de la nature en immédiates et médiates.

Tous les êtres sont doués de propriétés qui n'appartiennent qu'à chacun d'eux en particu-

lier; les éléments qui les constituent sont tous
nécessaires, tous indispensables à l'espèce *sui
generis;* mais tous les corps, quels qu'ils soient,
s'appartiennent réciproquement, comme je l'ai
déjà dit plus haut, par les rapports qui existent
entre eux d'une manière plus ou moins intime.
Les animaux vivent aux dépens les uns des
autres, aux dépens des végétaux, tantôt isolément, tantôt simultanément; tels sont les carnivores, les frugivores, les animaux frugivores
et carnivores. Les végétaux s'alimentent aux
dépens des fluides gazeux élastiques qui se dé-
gagent par suite de leur désorganisation et de
celle des animaux. L'air, l'eau, le calorique et
la lumière sont les premiers agents qui favo-
risent leur naissance, leur accroissement, leur
maturité, et qui concourent simultanément à
faire acquérir aux corps de ces deux ordres toutes
les propriétés physiques qui doivent leur appartenir. Enfin, les minéraux procèdent tous
de la désorganisation des végétaux et des animaux, et de la combinaison des éléments ou

principes dont ils étoient composés. Ces minéraux servent à leur tour de support, de matrice
propre au développement des germes spécifiques à chaque espèce végétale et animale destinée à vivre sur terre.

La chaîne qui lie les êtres entre eux est vraiment un prodige de la création ; mais le pouvoir que l'homme exerce sur tous est un prodige d'un autre genre qui le place au-dessus de
tous les êtres créés. Ses rapports avec toutes les
productions de la nature ne naissent pas seulement de ses besoins, ou des dangers qui exposent
sa vie ; ils naissent aussi de son intelligence, de
son génie, de son industrie ; et c'est par suite de
l'expérience acquise d'après un grand nombre
d'essais, avouée par des faits, confirmée par le
temps, que l'homme peut enfin apprendre à
l'homme quelle sorte d'utilité il peut tirer des
productions de la nature.

Il n'est pas question à présent de poser les
bases d'un système de création des corps pour
en faire connoître l'origine ; déjà cette belle et

sublime théorie de la nature est connue des
modernes naturalistes, et prend chaque jour le
caractère d'une vérité démontrée ; mais il importe de l'appuyer sur de nouvelles démonstrations , de la confirmer par l'exposé des faits
nouvellement connus, enfin par une dissertation tellement claire et précise , qu'elle laisse
peu d'objections à réfuter.

Nous avons posé en principe que les corps
de la nature pouvoient et devoient être divisés
en trois ordres :

1° Les agents primitifs;

2° Les productions immédiates;

3° Les productions médiates.

Cette division a été pressentie par les physiciens chimistes; mais il appartient au naturaliste de la signaler de manière qu'elle soit as-
sentie généralement. Nous reconnoîtrons tous
les corps de la nature tels qu'ils nous ont été
présentés par les anciens et les modernes.
Mais ce que l'on trouvera peut-être de plus
facile pour l'étude de ces mêmes corps, de

plus exact pour l'exposition des faits, pour
l'explication des phénomènes physiques qui
accompagnent leur création, c'est qu'en assi-
gnant une place à ceux des corps les plus simples,
connus sous le nom d'agents primitifs de la
nature, et en faisant connoître leurs propriétés
physiques et chimiques, leur influence sur le
développement et l'accroissement des corps organiques, leur tendance à la combinaison avec
un nombre infini d'autres corps, et tels qu'on
les aperçoit parmi les corps inorganiques, on
aura, pour ainsi dire, la clef de la formation
de tous les corps sublunaires. Peut-être trou-
vera-ton que c'est prendre son vol de bien
haut que de remonter à l'origine des corps pour
asseoir les divers points d'utilité qu'ils peuvent
offrir; mais comment décrire, avec connoissance de cause, les usages auxquels on peut
appliquer tels ou tels corps, les services dont
ils sont susceptibles, si on ne les a pas fait
connoître par les principes qui les constituent?
Et d'ailleurs, n'est-il pas d'une nécessité indis-

pensable d'être parfaitement d'accord sur la signification des mots *agents primitifs*, *pro-ductions immédiates*, et *productions mé-diates*? Ne faut-il pas encore soumettre à la méthode la description de l'utilité des corps, pour en faire un ouvrage qui soit lui-même véritablement utile?

Essayons d'expliquer la marche qu'a dû suivre la nature pour arriver au point où nous la voyons aujourd'hui; et expliquons-nous nous-mêmes sur ce que nous entendons et ce que nous désirons de faire entendre sous l'ac-ception d'*agents primitifs*.

DES AGENTS PRIMITIFS.

Les agents primitifs de la nature sont les corps nécessairement les plus simples, des-tinés par leurs propriétés physiques et chimi-ques, soit à se combiner d'abord entre eux et à donner naissance à de nouveaux corps plus composés, soit à contribuer au développement du germe spécifique à chacune des espèces qui

constituent les corps organisés végétaux et animaux.

On peut diviser les agents primitifs en deux
genres; savoir, en simples et en composés.

Les agents primitifs simples, sont la lumière,
le calorique, les gaz, hydrogène, azote, et oxigène.

Les agents primitifs composés, sont l'air atmosphérique et l'eau.

Si nous désignons des agents comme primitifs, c'est annoncer que nous en reconnoissons
d'autres que nous regardons comme secondaires. En effet, ceux-ci comprennent le phosphore, le soufre, le carbone et les métaux.
V. plus bas, combustibles simples, ou examen
physique et chimique des combustibles.

Tant que les agents primitifs sont dans l'état
libre, c'est-à-dire non combinés, ils demeurent
causes de produits; dès qu'ils sont à l'état
combiné, ce sont alors de véritables produits,
et sous ce nouvel état ils agissent comme causes
de productions.

Examinons ce théorème dans l'ordre sous lequel il vient d'être présenté. L'existence des corps simples a précédé nécessairement celle des corps combinés ; ainsi les fluides gazeux hydrogène, azote, oxigène, composés chacun d'un radical *sui generis*, fondu dans le calorique non thermométrique, ont existé dans le premier état de simplicité relative avant d'être combinés. Une supposition contraire répugne à la raison, et la chimie pneumatique nous démontre l'existence de ces fluides gazeux dans l'état isolé d'une manière bien distincte ; elle nous les montre en contact sans combinaison ; et pour opérer celle-ci, il faut nécessairement l'approche de l'étincelle électrique. On peut donc regarder cette première vérité spéculative comme démontrée. De cette vérité reconnue se déduit la conséquence des deux autres parties du théorème. Mais poursuivons.

La combinaison du gaz azote avec l'oxigène, à l'aide de l'étincelle électrique, a donné naissance à la formation de l'air atmosphérique.

Tel est le premier produit combiné qui a dû
s'opérer à raison des contacts des fluides gazeux
oxigène et azote, conformément à l'ordre de
leur pesanteur spécifique qui place le gaz
azote entre le gaz hydrogène et le gaz oxigène.
Mais comme il ne s'opère point de combinaison
entre les corps, quels qu'ils soient, qu'il n'y ait
changement de température et de propriété,
il y a eu, lors de la combinaison du gaz azote
avec l'oxigène, dégagement de calorique et de
lumière proportionnément aux masses combinées, et ce calorique est devenu thermométrique.

Cette première combinaison a été suivie
immédiatement de celle du gaz hydrogène avec
le gaz oxigène excédant les proportions relatives
à la composition de l'air, et il en est résulté de
l'eau. Ici l'émission de lumière et de calorique
a été plus considérable, par la raison que le
gaz hydrogène contient plus de calorique que
le gaz azote ; et que l'eau qui s'est formée en
a moins retenu que l'air. Ce phénomène d'é-

mission de lumière et de calorique s'opère sous nos yeux et à notre volonté, dans nos laboratoires, avec tonitration ou sans tonitration, lorsque nous déterminons la combustion rapide du gaz hydrogène mêlé ou non d'azote ou d'air atmosphérique, par l'approche de l'étincelle électrique. Nous sommes témoins du même phénomène dans la saison où l'atmosphère, surchargée de fluide électrique, paroît toute en feu par l'embrasement spontané et subit du gaz hydrogène par l'oxigène, avec ou sans bruit, et le plus souvent avec accompagnement d'eau ou de grêle par torrents, ce qui constitue les orages.

L'eau qui s'est formée s'est précipitée à son centre de gravité conformément à sa pesanteur spécifique.

Je ne porterai pas plus loin ce premier examen des agents primitifs de la nature, me réservant d'en parler avec plus de détails en traitant chacun d'eux séparément sous le rapport de leurs propriétés physiques et chimi-

ques, et sous celui de leur utilité. Il me suffit
quant à présent de les avoir signalés comme
étant les premiers corps de la nature auxquels
tous les autres doivent sinon précisément leur
origine, du moins la cause de leur existence.

Qu'il existe un être incréé, une puissance
infinie à qui tous les corps physiques doivent
leur création, qui soit le véritable auteur de
toutes les merveilles dont nous sommes témoins, et qui commandent notre admiration et
notre reconnoissance, c'est ce dont il ne nous
est pas possible de douter; c'est ce que la raison
qui est en nous et le raisonnement dont nous
sommes capables nous imposent l'obligation de
croire. Nous reconnoissons que la nature est
soumise à des lois auxquelles elle est forcée
d'obéir; mais ces lois auxquelles chaque corps
en particulier est soumis, qui les a dictées?
qui les a imprimées dans chacun d'eux avec
des degrés si variés de puissance, que par cela
même le prodige en est plus grand? La matière peut bien changer sa forme, ses propriétés

primitives, par sa combinaison avec une matière dont les éléments de composition sont
diamétralement opposés ; mais la matière principe s'est-elle créée d'elle-même ? ou seroit-elle
éternelle, comme le disent les partisans du
matérialisme ? Si la matière a pu se créer d'elle-
même, elle le pourroit encore aujourd'hui, et
rien n'empêcheroit qu'il ne se présentât de nouveaux corps pour former un monde d'une autre
création. Si la matière est éternelle, elle n'a
reçu son existence de qui que ce soit; or, l'être
qui n'a reçu son existence de personne est in-
dépendant ; il a nécessairement les attributs
de la toute-puissance ; il n'est soumis à aucun
changement, et son essence éternelle est la
même au futur qu'au passé. Je le demande aux
partisans de l'éternité matérielle ; reconnois-
sent-ils dans la matière l'indépendance, l'im-
mutabilité, et la toute-puissance ?

Cette digression n'est pas précisément étrangère à l'objet principal de cet ouvrage ; on
verra bientôt au contraire qu'elle en fait partie

essentielle. Tous les corps de la nature, quels que soient leurs principes, leurs caractères essentiels, procèdent d'une première puissance qui les a doués des propriétés physiques qui leur sont propres; nous devions faire connoître leur origine comme appartenant à cette puissance placée au-dessus de la nature, pour établir ensuite l'ordre de succession dans lequel ils se sont présentés conformément aux lois physiques et chimiques auxquelles ils ont dû obéir. En effet, si nous portons nos regards attentifs sur tous les corps dont nous sommes environnés, nous nous demandons nécessairement comment et par quels moyens tout cet ensemble, si parfaitement ordonné, a pu se disposer tel qu'il est, tel que nous l'apercevons. Ici la réflexion nous amène insensiblement à admettre deux puissances physiques qui concourent simultanément à l'existence de ces corps. La première se rencontre dans les germes spécifiques des corps organisés; la seconde dans les agents qui ont développé ces germes, et les ont conduits au terme de leur maturité relative et absolue.

Mais la couche solide sur laquelle se promènent ou sont implantés ces corps organisés, comment s'est-elle constituée corps solide, avec toutes les variétés qu'elle présente dans son agrégation, dans ses combinaisons, dans ses propriétés physiques et chimiques, etc. etc. ? Attendons un moment ; nous l'examinerons à son tour. Nous avons auparavant à signaler les véritables productions de la nature auxquelles nous donnons le nom de productions immédiates, et que nous plaçons pour cause à la suite des agents primitifs de la nature.

DES PRODUCTIONS IMMÉDIATES.

Si j'ai fait connoître les principaux agents dont se sert la nature pour donner naissance à ses productions ; si j'ai tracé une ligne de démarcation entre ce que l'on doit comprendre sous le nom de productions immédiates et médiates, c'est qu'en effet il y a une si grande

différence entre le principe agissant et le produit de l'action, qu'il est impossible de s'y
méprendre. La différence n'est pas moins insigne entre les productions immédiates et celles
médiates : ces dernières procèdent des premières, et nous les ferons connoître à leur tour.

Les productions immédiates sont celles dont
l'origine est due à des germes spécifiques préexistants dans la nature. La création de ces
germes appartient à la puissance infinie, qui,
dans sa sagesse éternelle, les a soumis aux lois
physiques d'une organisation propre à chaque
individu en particulier. Tous les germes spécifiques, soit végétaux, soit animaux, contiennent en infiniment petit toutes les parties destinées à les constituer des individus, chacun
sui generis : leur développement, leur accroissement, toutes leurs facultés organiques ont
dépendu nécessairement de deux causes ; l'une
de la création des agents primitifs, l'autre d'une
matrice qui convînt à chaque germe, sur laquelle ils pouvoient se déposer pour y recevoir

le principe de la vie organique. C'est ici le moment de rappeler ce que nous avons déjà dit
au commencement de cet ouvrage, à l'occasion
du rapport qui existe entre les corps organisés
et les corps inorganiques. Nous avons avancé
que les minéraux procèdent tous de la désorganisation des végétaux et des animaux ; sans
doute que l'on s'attend à la preuve de cette
assertion. On est d'autant plus fondé à l'exiger,
qu'ayant pareillement avancé que tous les minéraux étant des produits de la combinaison
des principes qui existoient dans les végétaux
et les animaux lorsqu'ils jouissoient des propriétés vitales ; que ces produits servoient à leur
tour de support et de matrice aux germes de
ces mêmes corps organisés, on peut demander
comment il a pu se faire que ces mêmes corps
organisés existassent avant leurs supports naturels.

Cette objection, qui semble sans replique au
premier aspect, est assez facile à lever. N'oublions pas que les premiers corps de la nature

que nous prétendons avoir existé avant les productions immédiates, sont ceux que nous avons
désignés sous le nom d'*agents primitifs*. Nous
ne craignons pas d'affirmer de nouveau que ces
agents ont nécessairement existé les premiers;
car sans la lumière, le calorique, l'air et l'eau,
tout ce qui est dans la nature n'existeroit pas;
il n'y auroit ni corps organisés, ni corps inertes
ou sans vie. Les germes spécifiques des végétaux et des animaux faisoient partie de la création voulue par la Toute-Puissance qui l'avoit
décrétée dans sa sagesse infinie; mais tous ces
germes spécifiques ne sont pas habiles à se développer dans une même et unique matrice.
Il est des végétaux et des animaux qui naissent
et vivent nécessairement dans l'eau : leurs
germes spécifiques ont rencontré dans ce fluide
l'unique matrice qui convenoit à leur dévelóp-
pement, à leur accroissement, et à tous les
passages de leur vie organique, jusqu'enfin à
celui de leur désorganisation. Est-il nécessaire
de porter plus loin le tableau philosophique

de la première organisation végétale et animale
dans ce fluide aqueux qui a été le premier
centre du monde, le premier réceptacle d'un
peuple immense de végétaux et d'animaux qui
l'ont habité et qui l'habitent encore aujour-
d'hui? Faut-il faire l'énumération de tous les
monstres de mer de la famille des cétacés, des
animaux à coquillages nommés *vers testacés?*
celle des mollusques, des polypes, des productions à polypiers, des poissons, des insectes
de mer, etc.? Faut-il aussi parler de toutes les
plantes marines, des goëmons que l'on voit
flotter sur l'eau, des plantes aquatiques, des
conferves, etc. etc., qui ont contribué simultanément à poser les bases d'un corps solide,
flottant dans l'eau, s'élevant à sa surface en
raison de sa légèreté spécifique comparée à
celle de ce fluide? Tout cela se conçoit aisé-
ment, et tout cela sera expliqué avec quelques
détails, lorsque nous ferons l'histoire des minéraux sous le nom de *productions médiates.* Ce
qu'il importe de poursuivre, c'est la disposition

favorable aux espèces végétales et animales
dont les germes étoient destinés à se développer dans une matrice solide. On conçoit que
ces germes n'attendoient, pour se déposer, que
la rencontre d'une matière propre à recevoir ce
dépôt. Cette matière s'est montrée à la suite de
la désorganisation des animaux et des végétaux
qui avoient cessé de vivre dans l'eau. Insensiblement on a vu s'élever les montagnes de première et de seconde origine, et on a pu établir
la distinction entre ce que les naturalistes ont
nommé terre ancienne et terre neuve. Les corps
minéraux ont donc pris leur origine des débris
des corps organisés, et servent à leur tour de
support, de matrice aux végétaux et aux animaux destinés à vivre sur terre. Mais n'anti-
cipons pas sur les faits physiques à découvrir,
à démontrer successivement, sur les beaux et
grands phénomènes de la nature à expliquer
relativement à la création des corps; adoptons
le genre didactique, c'est le seul qui convienne
bien pour nous faire entendre, pour nous con-

vaincre nous-même de la justesse de notre opinion, et pour préparer la solution de cette belle
question de l'utilité que les hommes peuvent
tirer des productions de la nature.

Nous ne reconnoissons sous l'acception propre
du mot *productions* de la nature, que celles qui
ont reçu leur existence par la seule puissance
des agents primitifs qui ont concouru simultanément à leur développement et à leur accroissement.

Les végétaux et les animaux sont les seules
productions qui doivent être nommées *immédiates*. Chaque être organisé est *sui generis*,
nous ne pouvons trop le répéter. Les principes
qui constituent les corps organisés se façonnent,
se perfectionnent par l'acte de la vitalité; l'agrégation de parties, parmi les corps végétaux et
animaux, n'est ni moléculaire, ni de combinaison; elle n'est ni similaire, ni chimique : on
lui a donné le nom d'agrégation organique,
parcequ'elle est musculaire ou tubulaire, fibreuse ou osseuse, et que chacune de ces parties

remplit des fonctions dont la réunion a été nommée par les physiologistes, *action vitale.* Il est peut-être plus important qu'on ne l'a pensé jusqu'ici de ne pas comprendre sous une acception trop générique tout ce que la nature peut offrir de corps dont la connoissance parvienne jusqu'à nous. En plaçant chacun d'eux dans le véritable rang qui lui convient, nous pouvons sans nul effort les distinguer par leurs propriétés physiques, et estimer leurs divers points d'utilité. Nous nous plaçons nous-même sur la véritable ligne qui doit nous conduire à la connoissance plus parfaite de la chaîne qui lie tous les corps entre eux. Si nous examinons chimiquement les végétaux et les animaux, nous reconnoissons qu'ils renferment en eux tous les matériaux qui contribuent à la formation des minéraux. Si nous parvenons à prouver cette assertion, alors il sera démontré que les minéraux ne sont en effet que des productions médiates. Contentons-nous pour l'instant de faire connoître ces matériaux ; nous les

retrouverons sous l'état de combinaison lorsque nous traiterons spécialement des corps inorganiques.

Dans l'organisation des végétaux, nous remarquons que les principes généraux qui les
constituent, sont le carbone, l'hydrogène et
l'oxigène. Mais les quantités différentes de chacun de ces principés donnent naissance à des
produits immédiats qui varient singulièrement
entre eux, et qui en changent étonnamment les
propriététés physiques. Si les bornes de cet
ouvrage ne nous interdisoient pas les détails,
nous justifierions cette assertion par des exemples; mais ces exemples viendront un peu plus
tard. On rencontre dans les feuilles des végétaux, du prussiate et de l'oxide de fer ; et c'est
à ce mélange, dans des proportions inégales,
que l'on attribue avec juste raison les divers
tons de couleur verte qu'elles offrent à nos
yeux. Il est certaines familles de végétaux qui
contiennent, les unes du soufre, d'autres de
l'ammoniaque ; plusieurs recèlent de la potasse,

de la soude, des sels neutres tout formés; presque toutes contiennent de la silice, de l'alumine, de la magnésie, un peu de terre calcaire, etc. Si on laisse opérer leur désorganisation par la fermentation, on les voit passer progressivement à l'état inorganique; l'hydrogène, qui étoit un de leurs principes, se dégage sous l'état gazeux, en s'emparant du calorique en émission : ce gaz enlève une partie du carbone et forme du gaz hydrogène carboné ; une portion du carbone demeure fixe ; une autre se convertit en acide carbonique gazeux ; et le produit restant de cette fermentation est une terre *humus* des jardins ou terreau, laquelle est composée de carbone, d'une terre insoluble, de toutes les bases salifiables que nous avons citées plus haut, de quelques sels neutres qui n'ont point été décomposés, de métaux, tels que le tellure, le manganèse, le fer, l'or, etc. Cette terre des jardins devient plus propre à la végétation que la même terre qui y a déjà servi depuis long-temps, parce-

qu'elle contient beaucoup de carbone, et qu'elle
retient des fluides gazeux qui alimentent les
végétaux qui s'y trouvent implantés. Voilà déjà
bien des matériaux qui font partie des corps
minéraux; nous allons en trouver beaucoup
d'autres encore dans l'organisation des animaux.

Les principes qui constituent les animaux
sont plus nombreux que ceux qui appartiennent aux végétaux. Comme ces derniers, ils
sont composés d'hydrogène, de carbone et
d'oxigène; mais ils contiennent en outre de
l'azote, du soufre (1), du phosphore combiné, de la terre calcaire en très grande quantité, combinée avec les acides carbonique et
phosphorique. Ces carbonate et phosphate constituent la substance solide : le premier, des
vers testacés, crustacés, des animaux ovipares,
des habitations des polypes ; le second, des

---

(1) Il est quelques végétaux qui contiennent de
l'azote et du soufre ; mais ces deux principes sont plus
généralement répandus dans l'organisme animal.

monstres marins et des animaux vivipares en général.

Par l'analyse chimique des animaux, on trouve des métaux, tels que du fer, de l'or, et des bases salifiables. L'origine de toutes les matières principes que nous venons de citer n'est donc plus un problème à résoudre, puisqu'elles sont démontrées existantes dans le système organique des végétaux et des animaux; et ce qu'il y a de plus digne de remarque, c'est que chacun de ces corps s'y rencontre combiné sous le même état que parmi les minéraux.

Si nous suivons par degrés la chaîne d'idées que fait naître cet exposé qui a acquis la preuve d'une vérité démontrée, pourrons-nous révoquer en doute l'origine des minéraux? Ne sommes-nous pas fondés à considérer ces corps inorganiques, ces corps inertes, sans vie, comme des productions médiates qui procèdent des productions immédiates organiques qui ont joui des propriétés d'une vie active et positive, mais dont la fin nécessaire, après avoir parcouru toutes les phases de l'organisation, a été et sera constamment la désorganisation? Que l'on cite un corps minéral quelconque, soit simple, soit composé, on trouvera son origine et son analogue dans l'un ou l'autre système de corps organisés (1). S'il est simple, il aura acquis sa simplicité par le jeu des décompositions opérées par les forces d'attractions chimiques : s'il est composé, il devra de même sa combinaison à la même puissance d'attraction, ou bien il se montrera tel qu'il existoit dans le corps organisé auquel il appartenoit.

La connoissance des principes et des matériaux qui constituent les végétaux et les animaux nous conduit assez bien, ce me semble, à celle des corps simples et combinés que nous présentent les minéraux; mais ce n'est pas assez

(1) Nous ne pouvons pas nous dissimuler qu'il est plusieurs minéraux et quelques métaux que nous n'avons pas encore trouvés par l'analyse dans les végétaux et les animaux; mais le temps et l'expérience éclairciront peut-être un jour nos doutes sur leur origine.

pour fixer l'opinion des savants sur la véritable acception du mot *productions* de la nature, que nous distinguons en productions *immédiates* et *médiates*. Nous allons essayer d'appuyer cette distinction sur de nouvelles observations.

DES PRODUCTIONS MÉDIATES, OU DES MINÉRAUX.

On doit comprendre sous le nom de productions médiates toutes celles qui procèdent d'une cause intermédiaire, ou prochaine ou éloignée, ou qui ne doivent leur existence qu'à la rencontre fortuite des éléments qui les constituent.

Il y a sans doute bien loin d'un corps vivace ou qui a vie, à un corps inerte ou sans vie, quoique le passage du premier au second état ne soit que l'intervalle du plus court moment. Mais les corps physiques naturels, quelle que soit la prétendue analogie que l'on s'efforce d'admettre et de reconnoître entre eux, sont très éloignés les uns des autres quant à leurs

propriétés essentielles : s'ils ont des rapports
plus ou moins intimes, ces rapports ne font
pas qu'ils se ressemblent précisément et qu'ils
offrent les mêmes facultés, à moins qu'ils n'appartiennent au même genre, et qu'ils ne soient
de la même espèce.

Les corps minéraux, que nous regardons
comme des productions médiates, comme des
produits de la désorganisation des végétaux et
des animaux, sont bien plus éloignés des caractères qui distinguent les corps dont ils dérivent, qu'il n'y a d'intervalle entre les deux
ordres de corps organisés, quoique je considère
cet intervalle comme étant immense.

Les minéraux sont des corps inertes, sans
vie, qui ne sont doués d'aucune espèce d'organisation, d'aucun mouvement spontané, qui
sont privés de toute espèce de propriété reproductrice, qui n'augmentent de volume que
par juxta-position ou cristallisation. Mais cette
définition, qui est celle de tout le monde,
ne nous apprend pas quelle est l'origine de ces

corps qui occupent une place si importante parmi
les êtres créés ; il a paru plus aisé de les considérer comme l'ouvrage d'une puissance infinie, que de prendre la peine de les examiner
en essayant de remonter aux causes physiques
de leur formation. Seroit-ce porter atteinte à
la grandeur, à la majesté de la Toute-Puissance,
que de scruter ses desseins jusque dans sa sublime munificence ? Ce Dieu créateur, auteur
de tout ce qui est, a assis les bases du monde,
les principes de toute création, sur des lois
immuables, comme son essence ; et c'est par
l'exercice de ces lois que chaque corps de la
nature a pris la forme qu'on lui reconnoît, la
place qu'il occupe et dans laquelle il se rencontre ou s'aperçoit, qu'il a acquis les propriétés
physiques qui lui appartiennent, qui le distinguent des autres corps. La structure intérieure
du globe, dans la profondeur duquel nous avons
pu pénétrer, nous démontre que les matières
dont il est composé s'y sont formées ou y ont
été déposées successivement et sans égard à

leur pesanteur spécifique respective, à leur sécheresse ou leur humidité, à l'incohérence de leurs parties, ou à l'agrégation plus ou moins solide de leurs molécules. Un autre phénomène non moins digne de l'observateur physicien-naturaliste, qui attire son admiration, et qui exciteroit son étonnement, si l'habitude de voir, d'examiner, de comparer, ne lui avoit appris qu'il n'est point d'effet sans cause, c'est que la terre est divisée en trois massifs principaux. L'un est l'ancien continent, qui comprend l'Asie, l'Afrique et l'Europe : il commence à quelques degrés du pôle nord, vers l'extrémité de la terre des Samoïèdes ; et loin de se terminer à quelques degrés du pôle sud, il s'arrête à peu de distance du tropique (1), c'est-à-dire au cap de Bonne-Espérance. Le deuxième massif est l'Amérique ; celui-ci est composé de deux vastes péninsules réunies par l'isthme de Panama : il commence à peu près à la hauteur

_____

(1) Petit cercle de la sphère parallèle à l'équateur.

de l'autre continent, mais il finit beaucoup
plus près du pôle antarctique, au détroit qui
sépare la contrée des Patagons de la terre de
Feu. Le troisième massif, dont la surface est à
peu près celle de notre Europe, forme, sous
le nom de *Nouvelle-Hollande*, le corps des
terres australes : il s'étend le long du tropique
du capricorne qui le partage, dans sa plus
grande étendue, en deux parties presque égales, son extrémité méridionale se trouvant ainsi
très éloignée du cercle polaire, et la septentrio-
nale assez voisine de l'équateur.

Cette division de la terre en trois parties
bien distinctes, dont chacune est séparée par
des mers d'une plus ou moins grande étendue,
prouve évidemment que la création du corps
solide n'a pas été produite : 1° par une volonté
unique et spontanée, mais bien par un ordre
de succession; 2° que cette création s'est opérée
au milieu des eaux : la puissance qui auroit
créé ces trois massifs ne les auroit pas formés
de substances inégales dans leur arrangement,

avec des propriétés si différentes dans leur pesanteur ou leur légèreté spécifique : enfin une
volonté unique n'auroit pas eu de motif pour
placer là plutôt qu'ici telle ou telle matière
minérale, tandis que l'on remarque que la terre
renferme dans son sein des minéraux qui participent des principes qui constituoient les espèces végétales et animales qui ont vécu et qui
ont péri à tels degrés du nord ou du midi, de
l'orient ou de l'occident.

Une autre considération non moins importante, et bien capable de fixer l'opinion sur la
composition du globe, c'est qu'il est bien difficile d'admettre l'existence des corps inertes ou
sans vie, sans la supposition préalable de l'existence des corps qui ont eu vie. Je sais que
rien n'est impossible à celui qui peut tout ; mais
celui qui peut tout, ayant créé tous les principes de la matière en créant les agents de la
nature et les germes spécifiques de tous les
corps organisés auxquels il fournissoit tous les
moyens de développement, les aliments propres

à leur accroissement, les organes propres à la
reproduction, qu'il soumettoit à une désorganisation d'abord relative, ensuite absolue, qu'il
destinoit enfin à former de nouveaux êtres, en
combinant leurs principes les uns avec les autres, avoit-il besoin de créer une matière inerte
à dessein de former son monde un peu plus tôt ?
Le temps n'appartient-il pas à l'éternité ? Les diverses révolutions qui ont eu lieu dans le monde
physique, dont la connoissance nous est par-
venue par la succession des âges, celles qui se
sont passées de notre temps, sous nos yeux,
l'augmentation du volume de la terre, la diminution des eaux, la nutation de l'axe, tous
les phénomènes physiques qui opèrent des
changemens sensibles dans la composition du
globe, tout ne justifie-t-il pas que l'action de
la nature est permanente ? que la terre augmente de volume par suite de la désorganisation des végétaux et des animaux ? Ce qui
s'opère aujourd'hui s'est opéré dès le commencement de la création, dès le moment de la

formation des agents primitifs de la nature,
de leur action intime et réciproque les uns à
l'égard des autres, de leur combinaison qui a
changé leurs propriétés physiques pour leur
en faire acquérir de nouvelles : tout a pris une
existence active dès le moment de la naissance
des espèces végétales et animales : les premières se sont développées dans l'eau ; celles
qui ont pris naissance sur terre se trouvoient
appuyées sur les débris de la désorganisation
des espèces qui avoient vécu dans ce liquide.
Mais ce système de la création générale pourroit bien ne paroître encore qu'hypothétique;
appuyons-le sur des faits. Étudions de nouveau
l'histoire de la nature avec un esprit libre,
entièrement dégagé de toute espèce de prévention.

L'origine des corps organisés nous semble
suffisamment démontrée pour nous occuper
plus spécialement de l'étude des corps minéraux, dont la formation n'est pas encore avérée.
Ce qui a beaucoup retardé la connoissance de

l'origine de ces corps, ce sont les différents systèmes qu'ont mis en avant les premiers instituteurs de l'école de la nature : ils étoient persuadés que le massif du globe avoit été créé avant les corps organisés, et ils regardoient la composition de ce massif comme l'ouvrage du feu et de l'eau simultanément. De là les grandes et belles idées des feux souterrains, des déluges partiels, du déluge universel, de toutes les catastrophes imaginables. Mais on ignoroit quelle étoit la matière qui composoit le globe primitif, et l'imagination se trouvoit satisfaite en adoptant l'idée d'une terre de première et de seconde origine. Qu'étoit devenue là première? On n'en savoit rien; on ne pouvoit plus la reconnoître, on n'en trouvoit plus la moindre partie: toute celle que l'on apercevoit en creusant à diverses profondeurs paroissoit être le produit d'une seconde formation : ou bien on regardoit comme terre ancienne, comme la première base de l'édifice du globe solide, ces roches énormes, ces massifs graniteux ou formés de plusieurs sortes de terres qui portent encore aujourd'hui le nom de *montagnes primitives.*

Pendant une longue suite d'années, on a attribué à l'ouvrage du feu, à des feux souterrains, la formation des pierres siliceuses, celle des mines métalliques, des métaux, celle des bitumes, et on demeuroit étonné quand à côté de ces minéraux, présumés l'ouvrage du feu, dont la température devoit être supposée avoir été élevée à un degré capable d'embraser tous les corps environnants, tels que des squelettes de végétaux, on voyoit ces débris de la végétation dans leur intégrité, jouissant de leur propriété combustible. Ce n'est que depuis que la chimie pneumatique, par ses savantes et sublimes découvertes, est venue offrir au naturaliste le véritable flambeau de Prométhée, que l'ancienne théorie de la terre n'a plus été adoptée aussi généralement. Les modernes naturalistes y ont apporté quelques modifications. Les savants se sont partagés en deux classes, d'après l'opinion dont ils s'étoient imprégnés.. Les uns se sont rangés du côté des *neptuniens*, les autres du côté des *volcaniens*. Les premiers attribuent à l'eau la formation des minéraux ; les seconds l'attribuent à l'action des feux volcaniques. Mais l'opinion la-plus conforme à la saine physique, celle qui s'accorde le mieux avec les beaux phénomènes de la nature, est celle qui tient un juste milieu entre les deux sentiments ; c'est-à-dire qu'elle admet une distinction entre les minéraux dont la formation est due à l'intermède de l'eau, et ceux qui doivent leur composition à l'intermède du calorique.

Si l'on reconnoît que les éléments qui constituent les minéraux se rencontrent dans les agents primitifs de la nature et dans les corps organisés, le phénomène de la création de ces corps inorganiques s'expliquera facilement.

Nous avons eu soin de prévenir que notre intention étoit d'étudier la nature avec un esprit libre de toute espèce de prévention. En effet,

si nous eussions consulté la cosmogonie des
Descartes, des *Leibnitz*, des *Buffon*, des
Newton, des *Sulzer*, un des plus beaux génies
de l'Allemagne, des *Pallas*, des *de La Mé-
therie*, etc. etc., nous n'aurions pas eu le cou-
rage de nous engager dans une discussion aussi
importante que celle que nous venons d'enta-
mer. Mais, animé du désir de faire tourner nos
études au profit de la science, nous faisons vo-
lontairement le sacrifice de notre amour-propre
en exposant le peu de réputation dont nous
jouissons, et nous espérons que l'on nous saura
quelque gré de notre intention.

La considération des minéraux en trois ordres,
savoir, de première, de seconde origine, et
d'origine volcanique, nous semble la plus précise et la plus méthodique : elle nous conduit
de la connoissance d'un corps à celle d'un autre,
comme par une échelle de graduation ; elle nous
fait apercevoir que les montagnes peuvent être
distinguées en primitives et secondaires, et en
montagnes volcaniques.

Mais quelle est la différence que l'on peut remarquer entre les montagnes primitives et les montagnes secondaires? Comment et par quelle puissance les unes et les autres se sont-elles formées? dans quel milieu ont-elles pris naissance, et où la nature a-t-elle trouvé des matériaux pour les élever à la hauteur où nous les voyons? et d'encore en encore, on se dit, par quel phénomène physique s'est-il opéré des montagnes volcaniques, et quels sont les matériaux qui concourent à la formation des volcans? Telles sont les questions que doit se faire toute personne qui veut étudier avec fruit la partie de l'histoire naturelle comprise sous le nom de *géologie*. Reprenons chacune de ces questions, et essayons d'en donner la solution.

A. Les montagnes primitives présentent une continuité de parties depuis leur base, ou du moins celle à laquelle on a pu atteindre, jusqu'à leur sommité. Cette continuité est l'assemblage de molécules similaires le plus généralement sous l'état d'agrégat irrégulier, quelquefois en agrégat régulier. Leur disposition est dans l'état perpendiculaire à l'horizon; leur composition n'est pas précisément la même ; les unes sont des roches granitiques composées de silice, de feld-spath et de mica : le caractère qui les distingue est de faire feu avec l'acier; les autres sont des roches composées de silice, d'alumine, de magnésie et de terre calcaire ; celles-ci s'égrènent facilement par le choc avec un corps dur ; et elles font effervescence avec les acides. La hauteur des montagnes primitives n'est pas la même; mais on peut regarder comme constant, qu'elles sont plus élevées que les montagnes secondaires. La plus haute montagne du globe est un des pics des Cordillières, qui s'élève à un peu plus de trois mille toises au-dessus du niveau de la mer. Les savants géomètres prétendent que sa base se termine aussi à trois mille toises dans les abîmes de l'Océan.

B. Les montagnes secondaires, ou de seconde formation, sont celles qui ont été formées de couches de diverses matières posées successive-

ment sur un terrain uni que les vagues de la
mer et ses courants ont été plusieurs siècles à
élever. Cette grande et belle vérité est démontrée par l'examen de leur composition dans
leur intérieur, aux moyens des excavations
qu'on y a pratiquées et qu'on y pratique encore
tous les jours. On remarque que ces montagnes
sont composées des débris de toutes sortes d'a-
nimaux et de végétaux ; que quelques unes
offrent des massifs plus ou moins considérables,
tantôt de carbonate, tantôt de sulfate calcaire,
barytique, de strontiane, de magnésie, d'alumine ; tantôt encore de nitrate, de muriate,
de fluate calcaire, etc. etc.; on rencontre dans
quelques unes des métaux natifs, des métaux
alliés, amalgamés, sous l'état d'oxidules et
d'oxides, sous l'état salin, sous celui de sulfures
métalliques, de phosphure, de carbure et de
sulfures pyriteux, tandis que les montagnes
primitives ne contiennent pas les mêmes matériaux, et ne contiennent ni métaux, ni mines
métalliques.

Si nous parvenons à connoître comment et par quelle puissance les montagnes primitives et secondaires se sont formées, dans quel milieu elles ont pris naissance, et où la nature a pris les matériaux dont les unes et les autres se trouvent composées, nous aurons fait un grand pas dans l'étude de la science des corps de la nature.

Plusieurs puissances concourent simultanément à réunir les corps entre eux pour en former des agrégats : 1º la gravitation qui oblige tous les corps physiques à tendre vers leur centre de gravité; 2º la puissance d'attraction d'agrégation qui s'exerce entre les molécules de nature simulaire; 3º la puissance d'attraction de combinaison qui s'exerce entre les corps dont les molécules sont de nature dissimilaire.

L'eau est nécessairement le milieu où les montagnes primitives et secondaires ont pris naissance. La composition de ces montagnes, la disposition de leurs parties dans leur agrégation, tantôt horizontale, tantôt verticale,

leur élévation au-dessus du niveau actuel de la
mer, tout démontre à l'œil de l'observateur
naturaliste que l'eau fut le premier centre du
globe; que c'est dans ce fluide qu'ont pris naissance les premiers corps de la nature, tant organiques qu'inorganiques, et que les deux
sortes de montagnes y ont pris la forme et tous
les caractères qui les distinguent si essentiellement les unes des autres.

Entrons dans quelques détails à cet égard.
Examinons d'abord la composition, la structure
des montagnes primitives. Déjà nous avons reconnu qu'elles étoient, les unes granitiques,
les autres composées de plusieurs espèces de
terres combinées avec un acide qui peut être
déplacé par les autres acides : cet acide est
reconnu aujourd'hui pour être l'acide carbonique. Mais les montagnes granitiques sont les
plus simples de composition, les plus dures, les
plus élevées, les plus profondes; les bases sur lesquelles elles reposent se perdent dans l'abîme de
l'Océan; elles présentent une continuité de par-

ties dont les molécules sont similaires; elles se
montrent habituellement sous la forme d'agrégé
en petits grains plus ou moins fins et serrés; quelquefois leurs masses sont interposées par des
cristaux réguliers et transparents. Si l'on examine
leur structure, on remarque que les juxta-po-
sitions sont tantôt horizontales, tantôt verti-
cales. En rapprochant tous les phénomènes de
leur composition, de leur formation, il est
impossible de se refuser à l'idée: 1º de la dissolution des matériaux qui composent ces masses
énormes dans l'eau (1); 2º de la puissance d'at-
traction-d'agrégation qui a déterminé l'augmentation de volume en rapprochant les molécules à fur et à mesure de leur combinaison
et de leur dissolution; 3º de l'élévation de ces
roches conformément à celle de l'eau qui leur
a servi de milieu.

_____

(1) Nous verrons dans un des paragraphes ci-après
comment l'eau a pu devenir le dissolvant de la silice,
qui fait le corps principal des roches granitiques.

Les circonstances qui ont donné lieu à la formation des montagnes primitives plus composées n'offrent de différence que dans la nature de leurs composants : l'eau leur a également servi de milieu, de véhicule intermédiaire; mais les matériaux n'ont pas été précisément les mêmes, ou plutôt ils se sont trouvés plus nombreux, et l'agent qui a servi à leur combinaison a été d'un autre genre; donc les combinés ne devoient pas être de même nature.

Examinons maintenant, ou plutôt tâchons de découvrir où la nature a puisé les matériaux dont ces montagnes sont composées, et quels sont les agens dont elle s'est servie pour opérer les combinaisons qui constituent ces masses, les premières bases du globe solide.

Déjà nous l'avons dit; l'eau a reçu les dépôts des germes spécifiques des corps organisés végétaux et animaux destinés à se développer, à croître et à périr dans son sein. C'est donc dans ces corps que la nature a rencontré les matières dont elle a eu besoin pour se constituer à l'aide

du temps tout ce qu'elle est aujourd'hui et
tout ce qu'elle sera jusqu'à la consommation
des siècles. Le phénomène le plus grand, le
plus sublime de la création, ce sont les rapports
intimes qui existent entre tous les êtres créés;
c'est cette chaîne admirable et immuable qui
les lie, qui leur facilite tous les passages auxquels chacun d'eux est soumis conformément
aux attributs physiques qui lui appartiennent:
l'eau qui sert de milieu propre au développement des végétaux et des animaux dont elle a
reçu en dépôt les germes spécifiques, leur ser-
vira successivement de tombeau. Les corps organisés qui ont pris naissance dans l'eau, qui y
ont vécu, qui y ont péri, y ont laissé les principes de leur organisation. Chacun de ces principes, mis à nu par suite de la désorganisation,
s'est combiné par la puissance d'attraction chimique avec le corps principe pour lequel il
avoit le plus de tendance à la combinaison.
L'eau elle-même a cédé en partie l'un et l'autre
de ses composants (l'oxigène et l'hydrogène),

et il en est résulté des combinés à deux, à trois, à plusieurs corps, qui ont formé des surcombinés. C'est par la connoissance des corps connus que l'on arrive insensiblement à celle des corps qui sont demeurés inconnus. Depuis que les terres ou bases salifiables ont été distinguées par leurs propriétés physiques et chimiques, par leur attraction de combinaison les unes envers les autres, par celle qu'elles ont avec les acides, on peut remonter des effets aux causes à l'égard de la formation des roches granitiques, et de celles plus composées qui constituent les deux sortes de montagnes primitives. Mais occupons-nous distinctement de la théorie de celles que nous avons nommées *montagnes granitiques*, et nous expliquerons ensuite les causes de formation des montagnes de roches composées.

Le phénomène de composition des montagnes granitiques s'explique tout naturellement. Maintenant que nous savons que la silice en est la base fondamentale, cette terre, de nature sèche-

et aride, insoluble dans l'eau lorsqu'elle est
seule en contact avec ce fluide, y devient soluble lorsque l'eau tient en dissolution de la
potasse ou de la soude. Or, il ne s'agit plus que
de constater l'existence de ces trois bases salifiables dans l'organisation des végétaux, et
cette existence n'est plus en doute depuis que
l'art de l'analyse est devenu plus exact. Que
nous fassions dissoudre de la potasse ou de la
soude dans de l'eau distillée, cette dissolution,
devenue parfaitement lucide ou transparente
par la filtration, et étendue dans une grande
quantité d'eau, laissera déposer insensiblement
la terre siliceuse qu'elle contenoit. Les anciens
chimistes ont nommé *liquor silicum*, liqueur
des cailloux, cette dissolution de la silice par
l'intermède de ces terres alcalines. La précipi-
tation de cette terre siliceuse se manifestera
plus sensiblement et plus promptement, si on
neutralise la potasse ou la soude par l'acide
acétique. Cet exemple de dissolution de la silice
par la potasse ou par la soude devient encore

plus frappant dans l'opération de la fusion du
cristal de roche avec l'une ou l'autre de ces
terres alcalines, lorsque l'on a l'intention d'obtenir la silice pure; ce mélange en fusion est
entièrement soluble dans l'eau. Citerai-je encore la fabrication du verre, pour prouver la
dissolubilité de la silice par les terres alcalines?
Mais elle n'est point contestée, elle est généralement reconnue par tous les chimistes. Mais,
m'objectera-t-on peut-être, il a fallu des quantités prodigieuses de végétaux pour fournir les
matières principes de ces masses énormes! Eh
pourquoi ne me demande-t-on pas aussi combien il a fallu de temps pour les élever à la
hauteur où nous les apercevons? Sommes-nous
plus comptables de la durée antérieure que de
celle du futur? Avons-nous à calculer les
quantités de matières qui ont dû être employées? Voyons seulement combien il faut de
temps pour couvrir de terre *humus* ces terrains
arides et sablonneux, impropres à la végétation,
et qui ne peuvent produire que des lichens,

des mousses, et généralement des plantes avortées. — J'invite le lecteur à consulter l'article
des pierres scintillantes (1).

Les montagnes primitives de roches composées doivent leur formation à des matières
d'une autre nature, et à une combinaison d'un
autre genre. Nous avons dit plus haut qu'elles
étoient composées de silice, d'alumine, de magnésie et de terre calcaire. Nous regardons
comme certain que ces terres salifiables, considérées comme terres simples, ont beaucoup
de tendance à se combiner ou à s'unir entre
elles, lorsqu'elles se présentent les unes aux
autres dans l'état de leurs molécules ultimes, et
à se disposer l'une par l'autre à des combinaisons auxquelles toutes ne seroient pas également habiles, si elles n'y étoient prédisposées.
C'est ainsi, par exemple, que la silice et l'alu-

_____

(1) Les belles expériences de la décomposition de l'eau
par la pile galvanique jettent un grand jour sur les
quantités de soude nécessaire pour opérer la dissolution
de la matière siliceuse.

mine ont très peu d'attraction de combinaison
avec l'acide carbonique; et cependant elles se
trouvent combinées avec cet acide par l'intermède des terres calcaire et magnésienne, dans
les montagnes de roches composées. Il faut
remarquer que la composition de ces montagnes s'est opérée par un agent d'intermède de
qualité acide; que cet acide est reconnu pour
être de l'espèce carbonique. Il faut encore remarquer que la terre calcaire domine dans la
pierre qui constitue ces roches; que la magnésie s'y rencontre dans des proportions moin-
dres, et que l'alumine et la silice ne s'y trouvent
qu'en petite quantité. Ces montagnes se sont
formées dans un milieu aqueux comme les
premières; mais il paroît qu'elles procèdent
beaucoup plus de la désorganisation animale
que de celle des végétaux : tous les matériaux
qui composent ces roches appartiennent aux
deux ordres de corps organisés; l'acide carbonique s'est formé aux dépens du carbone des
végétaux et des animaux, et de l'oxigène de

l'eau en partie décomposée. L'expérience chimique nous a fait découvrir que l'acide carbonique combiné avec les terres arides et subalcalines au juste point de saturation formoit des sels neutres insolubles dans l'eau; mais que, lorsque cet acide se rencontroit uni à ces bases salifiables avec excès d'acide, alors les sels qui en résultoient devenoient solubles dans l'eau. La théorie de ces montagnes de roches composées devient donc très facile à concevoir; la combinaison et la dissolution une fois opérées, il n'a fallu que le dégagement de l'acide carbonique en excès pour obtenir le sel insoluble qui constitue cette pierre.

Si nous revenons sur les montagnes de seconde origine ou de seconde formation, dont nous avons fait connoître plus haut la composition interne, dans l'intérieur desquelles on rencontre des carbonates, des sulfates, des fluates, des nitrates, des muriates, etc. etc., nous reconnoissons que tous les matériaux qui constituent chacune des substances simples et combinées qui s'y trouvent, sont d'origine végétale et animale. La composition des acides qui donnent naissance aux diverses combinaisons salines n'est plus pour nous un problême, depuis que nous en connoissons les principes composants, du moins du plus grand nombre d'entre eux. La découverte de l'acide fluorique dans la terre de Marmarorch, analysée par M. *Savaresi*; celle que vient de faire M. *de Humboldt,* savant de Berlin, d'un ruisseau chargé d'acide sulfurique (1); celle de l'acide muriatique (2), par

_____

(1) Ce ruisseau découle des hauteurs du volcan de Purazé au Popayan. Les habitants du pays le nomment *Rio-Vinagre* (ruisseau de vinaigre): il se jette dans le *Rio-coca.* On ne trouve point de poissons dans le premier ni dans le second ruisseau, jusqu'à quatre lieues au-dessous de l'embouchure du Rio-Vinagre.

Vandelli rapporte que l'on trouve de l'acide sulfurique étendu d'eau dans les environs de Sienne.

Dolomieu dit l'avoir trouvé pur et cristallisé dans une grotte de l'Etna.

(2) Décomposition de l'eau par la pile galvanique, indiquée dans le journal de Gilbert, l'an 1801. Même expérience répétée et confirmée, l'an 1805, par

M. *Simon*, chimiste de la même ville, répandent un grand jour sur la formation d'un grand nombre de minéraux, sur celle des mines de sel gemme, sur la salure de l'eau de la mer. Mais nous aurions trop à dire si nous voulions expliquer tous les beaux phénomènes de l'origine et de la création des corps minéraux; il nous reste encore à parler des montagnes volcaniques.

DES MONTAGNES VOLCANIQUES.

C. Les montagnes volcaniques sont du troisième ordre. Celles-ci sont des montagnes d'accident; leur composition, leur structure interne, leur élévation ne sont jamais les mêmes; elles

———

M. *Pacciani*, affirmée depuis par MM. *Brugnatelli* et *Kruickshanks*, constatée, en 1807, par les plus célèbres chimistes français *.

* Il paroît, d'après les nouvelles expériences qu'a faites M. Davi de Londres sur les alcalis potasse et soude, que M. Simon de Berlin, et M. Pacciani, ont été induits en erreur, et que l'eau qu'ils ont décomposée par la pile galvanique n'étoit pas pure, et contenoit un peu de muriate de soude.

sont formées de matières dont les formes et les
propriétés physiques ont été converties par
l'action du calorique élevé à une très haute
température, d'où il est résulté des demi-fu-
sions, des fusions, et de nouvelles combinaisons. Ces montagnes sont la suite d'une explosion violente dont la force de projection a été
plus ou moins considérable, et qui, ayant lancé
les matières volcanisées à des distances et des
hauteurs inégales, a produit une confusion
dans leur arrangement, lors de leur attraction
relative à leur centre de gravité.

L'élévation de ces montagnes est toujours
proportionnée à la quantité de matière soule-
vée et amoncelée lors de sa chute; mais jamais
elles ne sont aussi élevées que les montagnes
primitives, et même que les montagnes de seconde formation; elles n'offrent point non plus
de chaînes de continuité parallèle, comme les
montagnes secondaires.

Les montagnes de seconde origine sont les
seules qui renferment les matériaux propres à

donner naissance aux volcans; mais il est bon de remarquer que ce ne sont que celles d'une ancienne formation qui contiennent ces matériaux, par la raison que les montagnes de nouvelle formation n'ont pas eu le temps d'opérer les combinaisons propres aux phénomènes de la volcanisation.

Les naturalistes donnent le nom de *volcans* aux montagnes qui vomissent du feu. On les distingue en volcans sous-marins et en volcans de terre. Les volcans les plus renommés, et qui ont produit les plus grands ravages, sont le mont Vésuve, situé à deux lieues de Naples (1), le mont Etna, montagne de Sicile, la plus haute qui soit dans ce royaume; le mont Hécla,

---

(1) L'éruption du Vésuve qui engloutit Herculanum et Pompéia, eut lieu l'an 79 de l'ère chrétienne. Ces villes furent fondées du temps d'Hercule, douze cent cinquante ans avant la mort du Christ : elles furent retrouvées en l'an 1713, seize cent trente-quatre ans après avoir été ensevelies sous le tuffa et la pozzolane, dont la moindre profondeur est de soixante pieds. Souvent elle est de cent-vingt pieds.

grande montagne de l'Islande, située vers la
partie méridionale de l'île et la ville de Skal-
holte. Outre ces volcans, qui sont les plus connus, il en est beaucoup d'autres en activité sur
le globe. Il en existe trois brûlants en Syrie;
l'Asie et l'Afrique en renferment plusieurs.

Les matériaux qui donnent naissance aux
volcans, sont les sulfures terreux et métalliques,
principalement les sulfures de fer pyriteux, les
matières bitumineuses, notamment les charbons de terre ou de pierre qui accompagnent
les sulfures pyriteux, et qui fournissent l'aliment du feu propre à déterminer la fusion des
matières qui se trouvent placées sur le théâtre
même du volcan.

Si l'on veut bien prendre la peine de remarquer que ces matériaux ont une origine qui remonte à l'existence des corps organisés; que le
fer qui constitue les pyrites ferrugineuses ou
sulfure de fer, existoit sous l'état de prussiate
et d'oxide dans les feuilles des végétaux; que le
soufre qui constitue ce sulfure étoit un des

principes des animaux et des végétaux ; que le
charbon minéral dont on rencontre des mines
plus ou moins profondes et étendues en surface
dans le sein de la terre, est le produit de la
combustion commençante des végétaux et des
animaux, opérée par la réaction de l'acide sulfurique sur les corps organisés ; on se convain-
cra : 1° que les montagnes qui renferment les
matériaux propres à former des volcans sont de
seconde origine; 2° que des forêts entières qui
avoient pris racine sur une terre solide, et
s'étoient élevées à sa surface, ont été englouties
dans les eaux, soit par une nutation de l'axe,
soit par une révolution quelconque, ou enfouies
dans la terre par un affaissement spontané(1);
3° que ces forêts ont subi toutes les avaries,
toutes les dégradations, toutes les réactions
qui ont dû donner naissance à une infinité

_____

(1) Ce phénomène terrible vient d'avoir lieu dans les
environs de Beauvais : peut-être cette forêt étoit-elle
assise sur une carrière qui avoit été exploitée par exca-
vation.

de nouveaux produits; 4°, enfin, que ces nouveaux produits ont eu besoin d'une grande
succession de temps pour que, par le concours
simultané de leurs propriétés physiques et chimiques, ils devinssent propres à produire des
volcans.

Les phénomènes qui accompagnent les volcans sont dignes de toute l'attention du naturaliste; et n'ont d'abord été bien conçus et
expliqués que par les physiciens chimistes. Il
n'y auroit ni tremblement de terre, ni embrasement volcanique, sans la présence des
sulfures pyriteux, sans celle des matières inflammables qui les accompagnent, et sans la
décomposition de l'eau. La théorie de la décomposition de l'eau par le sulfure pyriteux a
déjà été si bien expliquée par tant d'auteurs
célèbres, qu'elle est parfaitement connue aujourd'hui, et ce qui sembloit anciennement
incompréhensible, et inexplicable s'explique
actuellement avec une parfaite connoissance
de cause.

Les incendies spontanés des granges où l'on amoncèle le blé en gerbes non parfaitement sèches, ceux des greniers qui renferment du foin bottelé et encore humide, l'incendie des fumiers de paille, de la tourbe en pile sur le terrain même des tourbières, toutes ces combustions spontanées procèdent d'une même cause, de la décomposition de l'eau, de la fixation de son oxigène, du dégagement de son hydrogène à l'état gazeux, de l'émission de calorique, et de l'inflammation du gaz hydrogène devenu libre, mis en contact avec l'air, et par son approche avec l'étincelle électrique. Ces inflammations spontanées nous représentent en petit celles qui s'opèrent par la même cause de décomposition de l'eau dans l'intérieur des montagnes; mais les circonstances qui accompagnent ces combinaisons rapides n'étant pas les mêmes, les effets qui résultent de celles dont nous venons de parler, se montrent avec des caractères paisibles, tandis que l'inflammation des volcans est précédée de secousses ter-

ribles, et le moment où elle entre dans sa
sphère d'activité est celui d'une explosion
effrayante et plus terrible encore.

. Les premiers efforts du gaz hydrogène de
l'eau décomposée par les sulfures pyriteux
sont d'abord peu sensibles, parceque ce gaz se
trouve comprimé par une masse dont la résistance en poids surpasse de beaucoup la puissance de son élasticité; mais peu à peu le fluide
gazeux augmente de volume, et l'émission de
calorique étant proportionnée à la quantité
d'eau décomposée, la force d'expansion rompt
l'équilibre entre la résistance et la puissance :
celle-ci tend à briser tous les obstacles qui s'opposent à son dégagement; c'est alors que la secousse devient de plus en plus terrible; les
mofettes se multiplient à la surface du sol ; on
entend un bruit effrayant qui part d'un centre
profond; la terre éprouve un tremblement dans
tout l'espace que parcourt le gaz pour se donner une issue; il se dégage à sa surface une
fumée mêlée d'étincelles et d'éclairs; cette fu-

mée, en s'élevant, prend la forme d'un pin ;
elle annonce une communication prochaine
entre l'étincelle électrique et le gaz hydrogène
qui multiplie d'efforts pour se mettre en contact avec l'air ; l'éruption suit de près ; l'inflammation est aussi rapide que celle de l'éclair,
et se communique non moins rapidement jusque dans le centre du foyer volcanique ; un
bruit terrible se fait entendre ; il s'élance au
loin avec une force plus ou moins prodigieuse,
des terres, des pierres, quelquefois de l'eau et
d'autres matières que la lave chasse devant
elle ; toutes les matières combustibles qui avoi-
sinent les pyrites s'enflamment ; enfin paroît
un fleuve de lave qui coule et se répand sur le
flanc de la montagne comme un torrent de
matières enflammées : alors le calme est rétabli
dans l'intérieur, et le dégagement de la lave en
fusion se continue sans secousse.

Je ne poursuivrai pas plus loin les remarque sur les effets des volcans, elles nous éloi-
gneroient trop de l'objet principal, qui se

rapporte à l'existence des montagnes volcaniques. Ces montagnes n'ont aucune ressem-
blance avec celles des deux premiers ordres ;
elles ne sont pas formées des mêmes matières ;
on n'y rencontre point ces lits ou couches de
matières qui ont été déposées successivement
dans les montagnes de seconde origine ; elles
sont au contraire formées d'un amas de substances toutes hétérogènes, tels que coquillages,
carbonate et phosphate calcaire , dans l'état
calciné et brûlé , ou demi-vitreux ; ce n'est
qu'après une longue suite d'années , et après
avoir servi de supports aux végétaux et aux
animaux ; que ces montagnes prennent dans
leur intérieur un arrangement plus régulier et
plus conforme aux lois de la nature. Enfin
les plus hautes montagnes volcaniques ne s'élèvent pas à plus de cent toises ; et elles ne forment point de chaînes continues ni parallèles,
comme nous l'avons déjà dit plus haut.

Combien de matières répandues sur la sur-

face du globe solide que l'on a prises pour
des débris de productions volcaniques, dont
la formation étoit due à l'intermède de l'eau,
et non à celui du calorique ! A combien d'erreurs n'a pas entraîné la doctrine de l'ancienne
physique, qui admettoit dans les corps naturels
l'existence ou la présence du *feu latent*, ou
d'interposition ! On ne faisoit pas alors la distinction du calorique combiné, et de celui qui
est thermométrique : l'idée d'un feu principe,
d'un feu élémentaire, remplissoit l'imagination
des physiciens, sans qu'ils pussent le définir,
pas même le concevoir. Les corps solides, mus
fortement et rapidement l'un contre l'autre,
laissoient dégager des étincelles de lumière, et
s'échauffoient en proportion de la dureté des
corps, de leur volume, de la force de pression
et de la rapidité du frottement ; et on attri-
buoit ces phénomènes d'émission de lumière et
de calorique au feu fixé dans ces corps : on
alloit jusqu'à supposer que ce feu, que cette

lumière qui se dégageoient, étoient remplacés
aussitôt par le feu principe répandu dans l'espace environnant. Enfin, que n'a-t-on pas ima-
giné, que n'a-t-on pas supposé pour bâtir des
systèmes? Plus un corps offroit d'adhérence
dans ses parties moléculaires, plus on le croyoit
l'ouvrage du feu, plus on présumoit qu'il re-
céloit de ce principe appelé *feu*. Si l'on réu-
nissoit deux corps dont l'un fût solide et l'autre
fluide, on demeuroit étonné du changement
de température qui se manifestoit. Les connoissances que nous avons acquises en physique
et en chimie, les découvertes que nous faisons
de temps à autre ne permettent plus que nous
demeurions dans la sphère d'ignorance où nous
sommes restés si long-temps à l'égard de l'origine et de la composition des corps naturels :
toutes les portes du savoir nous sont ouvertes;
les routes qu'elles nous offrent à fréquenter ne
sont pas toutes également aplanies; ne nous
lassons pas d'y appliquer une main active et

vigilante, que l'exercice et l'habitude du travail rendront nécessairement plus habile; ceux
qui nous succéderont arriveront peut-être au
but que nous nous étions proposé.

DES AGENTS PRIMITIFS DE LA NATURE.

DE LA LUMIÈRE.

Propriétés physiques.

1° La lumière est un fluide élastique pesant : sa fluidité est démontrée par l'extrême rapidité de son mouvement qui parcourt un espace de quatre-vingt mille lieues par seconde; son élasticité est reconnue par l'angle de sa réflexion, qui est égale à celui de son incidence. Sa gravité est justifiée par la déviation d'un de ses rayons auquel on oppose un corps qu'il ne peut traverser.

2° La lumière exerce une grande puissance d'attraction sur les corps organisés qui sont constamment attirés par elle, qui s'inclinent de son côté, ou la recherchent avidement.

3° La lumière est le principe nécessaire de l'organisation des végétaux, de leur vigueur, de leur odeur, de leur couleur, de leur saveur, de la perfection de leurs principes-immédiats, de leur faculté combustible.

4° Elle exerce à l'égard des animaux la même puissance d'attraction et les mêmes phénomènes physiques.

5° La lumière traverse une infinité de corps qui ne peuvent être traversés par les fluides les plus subtiles; c'est à cette propriété, qu'elle possède à un degré éminent, que nous devons la faculté de distinguer les objets dans les lieux même les plus obscurs.

6° Enfin, sans la lumière, la nature n'existeroit pas; il n'y auroit ni végétaux, ni animaux, conséquemment point de minéraux.

Utilités de la lumière.

1° La lumière est utile et indispensable à l'acte de la végétation, mais sur-tout aux plantes odorantes et aromatiques; c'est elle qui élabore, qui perfectionne les principes huileux, volatils, balsamiques et résineux des végétaux.

2° Elle nous fait apercevoir les objets qui sont devant nous; elle sert aux physiciens dans leurs expériences microscopiques solaires, dans celles de l'optique, de la catoptrique, etc.

3° La lumière, réfléchie par la lune, et rassemblée à l'aide d'un verre convergent, est désoxigénante; elle guérit la brûlure récente, et elle cicatrise les plaies.

4° Elle désoxide les corps oxidés, en s'emparant de l'oxigène, qui a plus d'attraction pour elle qu'il n'en a pour tous autres corps. De là la décomposition de l'acide nitrique, la soustraction du gaz oxigène de l'acide muriatique oxigéné; elle décolore les oxides minéraux.

5° La privation du contact de la lumière étiole les végétaux, détruit leur couleur, leur enlève la saveur, leur propriété combustible. Les maraîchers tirent parti de ce phénomène physique pour blanchir ou étioler leurs plantes potagères.

6° Le bois qui a été long-temps privé du contact de la lumière a perdu sa propriété com-

bustible; il est dans la catégorie des corps brûlés; il répand une lumière phosphorescente dans
les lieux sombres, par la raison qu'il l'attire à
lui et qu'il la réfléchit complètement (1).

DU CALORIQUE LIBRE, OU THERMOMÉTRIQUE.

Propriétés physiques.

1° Le calorique, ou principe de la chaleur,
est un principe élastique *sui generis*, incoër-
cible, mais qui peut s'accumuler plus ou moins
dans les corps, selon leur capacité pour le retenir.

2° C'est un agent de répulsion en opposition
à la puissance d'attraction.

3° Cet agent est le principe vivifiant de tous
les corps organisés, et la cause conditionnelle

_____

(1). Nous ferons remarquer que la lumière existe dans
l'atmosphère des lieux les plus obscurs, quoiqu'elle ne
soit pas aperçue d'abord par l'organe de la vue. Les
effets résultants de la privation de la lumière doivent
être réputés comme *propriétés négatives*.

des quatre états d'agrégation, solide, molle,
fluide et aériforme.

4° Le calorique peut exister dans les corps
de deux manières, savoir, comme partie com-
posante ou corps combiné, alors leurs diverses
agrégations sont permanantes; ou bien il y
existe comme corps d'interposition; et dans ce
cas, il y a interversion dans l'agrégation moléculaire; mais celle-ci reprend son état naturel
à mesure que le calorique d'interposition s'en
dégage pour se combiner ou s'unir avec les
corps froids environnants.

5° Le calorique thermométrique doit son
origine aux corps gazeux dans lesquels il se
trouvoit combiné, et qui l'ont dégagé en se
combinant les uns avec les autres, pour former, les uns de l'air, les autres de l'eau. Son
foyer actuel, par rapport à nous, est dans la
matière du soleil; son aliment perpétuel est
dans la décomposition des corps, dans leurs
nouvelles combinaisons, et dans la fixation des
radicaux de fluides gazeux élastiques.

6° Sans la présence du calorique, tous les corps ne formeroient qu'une seule masse, ou plutôt la nature n'existeroit pas ; il n'y auroit ni lumière, ni air atmosphérique, ni eau, etc.

Utilités du calorique.

1° La température de l'air a donné naissance à la construction du thermomètre, à l'aide duquel l'homme peut estimer celle qui est la plus convenable à la vie végétale et animale. Cette connoissance intéresse l'agriculture et l'hygiène.

2° L'accumulation du calorique, à des degrés inférieurs, égaux et supérieurs à la température de l'eau bouillante, intéresse l'économie domestique, la pharmacie, la chimie, la physique, tous les arts chimiques, la verrerie, la métallurgie, etc. Elle a donné naissance à la construction des fourneaux, des fours, des calorifères, du pyromètre, des instruments de cuisine, de laboratoire, à l'invention des miroirs ardents, de la lentille de liqueur de *Trudaine* ou de *Kirschausen*.

3° L'absorption du calorique, qui intervertit sa puissance en excitant la sensation du froid sur nos organes, en déterminant la congélation des fluides, est d'une utilité importante dans les opérations de physique, de chimie, de pharmacie, dans l'art du glacier confiseur; etc.

4° La connoissance des divers degrés de température, depuis *zéro* du thermomètre et au-dessus, jusqu'aux degrés propres à la fusion, à la vitrification, et à la combustion du diamant, embrasse tous les genres de profession dans lesquels il s'agit de conserver les corps naturels, de les garantir de la fermentation ou de les soumettre à cette puissance, d'opérer des infusions, des décoctions, des coctions, des cuissons de matières végétales, animales, des distillations, des combustions, des calcinations, des oxidations, des fusions, des vitrifications, ect.

Propriétés physiques.

1° C'est un fluide gazeux à l'état permanent, tant qu'il est simple, composé d'un radical *sui generis* combiné avec le calorique.

2° Ce fluide gazeux est le plus léger de tous ; sa légèreté spécifique est de quinze degrés au-dessus de celle de l'air atmosphérique.

3° Ce gaz est éminemment combustible ; il brûle avec flamme ; il répand une fumée noire, et forme de l'eau en brûlant, laquelle se dissipe en vapeurs.

4° La combustibilité du gaz hydrogène multiplie beaucoup ses propriétés chimiques.

5° Ce gaz, combiné avec l'oxigène, mais non dans des proportions suffisantes pour opérer une saturation complète, constitue l'acide muriatique, selon le rapport de M. *Simon* de Berlin, de MM. *Pacchiani*, *Brugnatelli*, *Kruickshancks*. Cette découverte a été confirmée ‚par de nouvelles expériences, par les chimistes françois.

6° Ce même gaz, combiné avec le gaz oxigène dans les proportions de quatorze parties sur quatre vingts-six du dernier, constitue l'eau ou oxide d'hydrogène.

7° Le gaz hydrogène dissout le phosphore, le soufre, le carbone, et forme des gaz hydrogène-phosphoré; sulfuré, et carboné : ce sont de véritables effluves de putridité.

8° Combiné avec l'azote, une partie de gaz hydrogène sur quatre d'azote, il forme de l'ammoniaque.

9° Ce gaz hydrogène est un des composants des corps végétaux, de leurs principes immédiats, et des composants des animaux.

Utilités du gaz hydrogène.

1° Les artificiers préparent avec ce gaz des chandelles dites *philosophiques*.

2° Ce gaz est employé comme combustible de la lampe ou briquet électrique.

I. 6

3° Le gaz hydrogène est le fluide dont on remplit les aérostats.

4° Ce gaz a été reconnu somnifère, étant employé intérieurement dans la médecine clinique.

5° Le gaz hydrogène sulfuré est devenu un réactif important dans l'art des émaux, dans la couverte de la porcelaine, dans la vitrification des métaux blancs oxidés, auxquels il donne une couleur brune vitreuse, dans l'analyse des eaux minérales métalliques.

6° Les engrais qui laissent dégager du gaz hydrogène, du gaz hydrogène carboné, sont propres à la culture des végétaux résineux, et à ceux qui doivent produire des fruits sucrés.

7° Le gaz hydrogène en contact avec le gaz azote, et dont la combinaison est secondée par le calorique, forme du gaz ammoniacal.

8° Ce gaz, combiné avec l'oxigène, forme de l'eau.

DU GAZ AZOTE.

Propriétés physiques.

1º Le gaz azote est un fluide élastique composé d'un radical qui n'a point d'analogue, combiné avec le calorique.

2º Ce gaz est treize fois et demie moins léger que le gaz hydrogène, et une fois et demie plus léger que l'air atmosphérique.

3º C'est un combustible simple qui brûle sans flamme, susceptible de divers degrés d'oxigénation ou d'acidification (1). Il est le radical des gaz nitreux et nitrique.

4º Ce gaz est un des principes essentiels à l'organisation animale : il se rencontre aussi dans quelques familles végétales.

5º Le gaz azote est un des principes qui constituent l'air atmosphérique.

_____

(1) Je préfère le mot *oxigénation* à celui d'*oxidation*, par la raison que les véritables oxides sont insolubles dans l'eau.

Utilités du gaz azote.

1º Le gaz azote aspiré seul, et reçu dans l'organe du poumon, a une faculté assoupis-sante.

2º Ce gaz, à son premier degré d'acidification, connu sous le nom impropre d'*oxide gazeux d'azote,* a une saveur fortement su-crée. Introduit sous cet état dans l'organe du poumon, il produit des effets qui varient selon les tempéraments des individus; il fait perdre connoissance aux uns; il augmente la vitesse du pouls, dilate le poumon, gonfle les veines, excite une grande chaleur dans la poitrine, dans quelques sujets; il occasionne des vertiges dans quelques autres; il excite tantôt le rire involontaire jusqu'aux éclats; d'autres fois un vif plaisir dans tout le système organique, et constamment une grande foiblesse dans les jambes.

3º Le gaz azote, combiné avec le gaz oxigène dans des proportions graduées jusqu'à parfaite

saturation, constitue les gaz nitreux et nitrique.

4° Combiné avec le gaz hydrogène dans les
proportions de quatre parties sur une de ce
dernier, il constitue l'ammoniaque.

5° Ce même gaz, combiné avec le phosphore,
forme de l'azote phosphoré dont l'odeur est
insupportable, et l'action sur nos organes en
est délétère.

Si ce combiné est nuisible au lieu d'être utile,
il est important de le citer, afin d'indiquer son
antidote le plus assuré, qui est l'acide muriatique oxigéné gazeux.

6° Les artificiers introduisent des corps qui
contiennent de l'azote dans la composition de
leurs artifices, pour en augmenter la force dé-
tonnante.

DU GAZ OXIGÈNE.

Propriétés physiques.

1° Ce gaz est *sui generis ;* il est plus pesant

que les deux gaz qui précèdent, et même que l'air atmosphérique.

2° Il a été nommé *air vital*, parcequ'il est éminemment respirable, et qu'il est nécessaire à la vie animale et végétale.

3° Ce fluide élastique est le principe générateur des acides, d'où il a reçu son nom d'*oxigène*.

4° Le gaz oxigène est le principe essentiel de toute combustion : il peut être considéré tout à la fois comme principe d'organisation, de désorganisation ou de destruction.

5° Ce gaz est un des principaux agents de la nature : sa tendance à la combinaison avec tous les combustibles connus le rend habile à former une infinité de corps combinés; d'où il résulte des oxidules, des oxides, des acides avec excès de bases, des acides neutres à parfaite saturation, et des acides avec excès d'oxigène (1).

_____

(1) Mais alors il ne s'y rencontre qu'interposé, et non combiné; tel est l'acide muriatique oxigéné.

Ces combinés, dont le gaz oxigène est l'agent essentiel de formation, deviennent à leur tour des agents secondairés qui donnent naissance à un nombre infini de nouvelles combinaisons.

6° La première combinaison du gaz oxigène opérée par la nature, fut celle qui eut lieu avec le gaz azote, d'où il résulta de l'air : la seconde se fit avec le gaz hydrogène, d'où il y eut formation d'eau. Ces deux combinaisons donnent naissance à l'émission du calorique thermométrique, et à la lumière.

7° Le gaz oxigène est un des principes composants des végétaux et des animaux. Le radical de ce gaz laisse échapper le calorique qui lui donnoit l'état gazeux, et il prend sous ce nouvel état le nom d'*oxigène*. Ce radical, combiné dans des proportions différentes avec l'hydrogène et le carbone, donne naissance à tous les produits de l'organisme végétal et animal.

Utilités du gaz oxigène.

1º Le gaz oxigène, interposé dans les molécules de l'eau distillée par un mécanisme de rotation et de compression, constitue l'eau oxigé-
née : cette eau est devenue un médicament
employé utilement dans l'atonie du viscère du
poumon, dans l'asthme, dans les maladies de
langueur.

2º Ce gaz, répandu dans une atmosphère sur-
saturée d'eau et de gaz putrides, restitue à l'air
l'élasticité dont il est privé, le purifie et le rend
plus respirable.

3º Le gaz oxigène, interposé dans la potasse
en liqueur, est un réactif certain pour découvrir si la coloration des vins rouges est factice.

4º Ce gaz, accumulé sur les combustibles
allumés, rend leur flamme plus active, et augmente l'intensité du calorique au point de faire
entrer en fusion les corps les plus difficilement
fusibles, tel entre autres, le platine.

5º Le gaz oxigène, interposé dans l'acide muriatique ordinaire, ajoute aux propriétés de cet acide, telles que celles de rendre directement solubles dans cet acide certains métaux qui n'y étoient solubles que sous l'état d'oxides; sa présence dans le même acide muriatique lui enlève la propriété de convertir en rouge les couleurs bleues végétales.

6° Le gaz oxigène est éminemment respirable; il donne de la vivacité aux animaux qui le respirent; mais en accélérant les actes de la vie, il en abrège le cours.

DE L'AIR ATMOSPHÉRIQUE.

Propriétés physiques.

1° L'air est un fluide élastique, invisible, inodore lorsqu'il est pur, grave ou pesant, susceptible de condensation, de raréfaction, et doué d'une très grande compressibilité.

2° La nature essentielle de l'air est d'être fluide gazeux; son état gazéiforme permanent est dû au calorique de combinaison qui entre dans sa composition.

3º On ne peut l'amener à l'état solide qu'en le privant de son calorique ou de quelques uns de ses principes, par la décomposition.

4º L'air est composé de soixante - douze parties et demie de gaz azote, vingt-trois et demie d'oxigène, et quatre parties de gaz acide carbonique combinés avec le calorique; mais le gaz acide carbonique ne lui est pas absolument nécessaire; il ne s'y rencontre pas partout dans les mêmes proportions.

5º L'air est d'une extrême mobilité; il se laisse traverser par une infinité de corps, et il en traverse lui-même un grand nombre qui sont imperméables par tout autre fluide.

6º L'air est le conducteur de la lumière, du son et du calorique; il pèse dans tous les sens, et c'est sur cette propriété qu'ont été construits les baromètres à tiges droites et courbes.

7º L'air est le grand réservoir du fluide électrique, et c'est à la présence de celui-ci que sont dus ces beaux phénomènes qui s'exécutent dans l'atmosphère.

8° L'air est le principe essentiel de la vie végétale et animale, de la respiration et de la
combustion; il est habile à dissoudre de l'eau,
laquelle tempère sa sécheresse naturelle et le
rend plus propre à la respiration; il peut s'en-
sursaturer : de là changement dans sa gravité
spécifique, qui n'est alors que relative, ét non
absolue; de là encore formation des nuages et
des météorés aqueux.

9° L'air atmosphérique, jusqu'à une certaine
élévation au-dessus de l'horizon, n'est pas pur
à beaucoup près; c'est un véritable cahos, lequel comprend des gaz aériformes de toute
espèce produits par la fermentation des végétaux et des animaux, par les suites de la combustion des divers genres de combustibles, et
par l'exsudation des corps organisés : il tient
aussi en suspension des œufs d'insectes, des
semences végétales, des poussières fécondantes
d'étamines des végétaux.

10° La pesanteur de l'air est ou relative, ou
absolue. Elle est relative lorsque sa gravité est

interrompue par l'eau dont il est plus ou moins saturé, par les vents qui sont plus ou moins précipités ou horizontaux, ou en conséquence du point d'élévation du corps sur lequel il pèse.

La pesanteur de l'air est absolue lorsqu'il pèse de tout son poids sur le globe; alors ce fluide gazeux semble ne faire qu'un corps avec ce dernier, le mouvement de rotation est uniforme, et il règne un calme parfait. ·

11° Le terme moyen de la pesanteur spécifique de l'air, est qu'une colonne de ce fluide d'un diamètre égal à celui d'un tube de baromètre qui contient du mercure très pur élève celui-ci à vingt-huit pouces de hauteur. Les aréonautes ont observé qu'à trois mille toises au-dessus du niveau de la mer, le mercure descendoit à neuf pouces dans le tube du baromètre.

Utilités de l'air.

1° Outre l'utilité de l'air, reconnue généralement pour la vie végétale et animale, pour la respiration, la combustion, les physiciens ont su l'utiliser, comme corps particulier, dans les arts physiques et mécaniques.

2° On rassemble un certain volume d'air dans les instruments à soupapes connus sous le nom de *soufflets*, à l'aide desquels on active la flamme des foyers, des fourneaux de forges, de fusion, et pour faire résonner les tubes des instruments à vent, tels que les diverses espèces d'orgues.

3° La même accumulation de l'air dans les grands et forts soufflets garnis de papillons à quelque distance des tuyères, sert à accélérer l'oxidation du plomb pour le convertir en litharge. Dans cette opération, l'oxigène de l'air se combine avec le métal et l'oxide.

4° L'air comprimé dans la culasse d'un fusil, d'un pistolet, acquiert une force d'élasticité relative à la quantité accumulée par la compression ; la force de projection est d'autant plus grande, lorsqu'on donne une issue prompte à l'air retenu, que cet air comprimé est plus sec et plus accumulé. On démontre dans cette expérience que l'air ne perd rien de sa propriété élastique, même avec le temps, puisqu'elle est la même après plusieurs années de sa rétention dans la culasse de ces armes à vent.

5° Le même mécanisme de compression de l'air dans une pompe garnie de son piston forme un briquet ou fusil pneumatique qui allume l'amadou ajusté à cet effet à ce nouvel instrument (1), dès qu'on donne issue à cet air. Dans cette expérience, il y a accumulation du calorique par celle de l'air, et émission de ce calorique par le brusque dégagement de l'air ; de là inflammation de l'amadou.

6° Les divers instruments de physique, telles que la machine électrique, la machine pneu-

---

(1) Inventé par le colonel *Grobert* ; exécuté par M. *Dumotier*.

matique, la pompe à air par compression, les belles expériences ainsi que les découvertes auxquelles ces instruments ont donné naissance, sont dues à l'air, et ont contribué à nous faire connoître cet agent si puissant de la nature.

DE L'EAU ET DE LA GLACE.

Propriétés physiques.

1° L'eau est un fluide élastique, inodore, incolore, transparent, sapide lorsqu'elle est aérée, insipide lorsqu'elle est privée d'air, compressible, rarescible et susceptible de condensation.

2° Les éléments qui constituent l'eau, sont l'hydrogène (quatorze parties) et l'oxigène (86 parties), combinés avec le calorique, qui la rend essentiellement fluide.

3° L'eau contient soixante degrés de calorique de plus que la glace.

4° La fluidité de l'eau, son extrême mobilité, sa pénétrabilité à travers une infinité de corps , lui donnent une forte tendance à la combinaison avec d'autres corps.

5° La propriété dissolvante de l'eau est immédiate ou médiate. Elle est immédiate lorsqu'elle peut dissoudre les corps avec lesquels elle est en contact , sans l'intervention d'aucune autre puissance dissolvante, et sans qu'elle ait éprouvé de décomposition , ni changé la nature des principes des corps, dont elle tient seulement les molécules écartées.

6° La propriété dissolvante de l'eau est médiate lorsqu'elle a cédé l'un ou l'autre de ces principes pour disposer le corps à se dissoudre dans la portion d'eau non décomposée; exemple; l'eau hydrogéno-sulfurée ; ou bien lorsqu'elle est chargée d'un corps qui lui est étranger; et qui la rend habile à en dissoudre d'autres; telles sont les eaux alcalines , les eaux acidulées. Cette distinction est infiniment importante à admettre et à retenir pour avoir des idées exactes sur la formation des minéraux.

7° L'eau est céleste ou aérienne , et terrestre, elle est légère ou pesante, potable ou crue.

8º L'eau est réputée minérale, lorsqu'elle tient en dissolution des corps qui changent la nature de ses propriétés essentielles. Les eaux de cette sorte font partie des productions médiates; elles trouveront place parmi les minéraux.

9º L'eau a peu de capacité pour le calorique; le plus haut degré de température auquel elle puisse être élevée à l'air libre, est celui de quatre-vingts, la pesanteur de l'air étant supposée vingt-huit au baromètre à mercure.

10º L'eau est un très bon conducteur du calorique, précisément parcequ'elle a peu de capacité pour le retenir.

11º L'eau, retenue dans des vaisseaux de métal qui ferment exactement, peut être élevée à une température égale à celle que le métal lui-même peut atteindre : le digesteur de Papin en offre un exemple sensible, lorsqu'on le fait servir à ramollir les os des animaux.

12º L'eau devient solide à un degré de température au-dessous de *zéro* ; alors elle cesse d'être de l'eau, elle prend le nom de *glace*, et celle-ci a des propriétés qui lui sont particulières.

13º La grêle est un météore aqueux solide, qui se forme dans la haute région de l'air par la soustraction subite du calorique.

14º La neige est pareillement un météore aqueux, qui se forme dans la moyenne région de l'air, par la condensation de l'eau, dont les molécules sont plus ou moins écartées, laquelle traverse un milieu dont la température est froide à des degrés divers; d'où il résulte qu'elle tombe en flocons plus ou moins volumineux et réguliers.

Utilités de l'eau et de la glace.

1º L'eau de pluie est la plus pure des eaux naturelles, lorsque la première qui est tombée a balayé l'atmosphère. On la ramasse dans des citernes pour la boisson habituelle des hommes et des animaux, et pour les usages domestiques, dans les pays où l'on est éloigné des eaux des sources et des rivières dont l'eau est potable.

2° L'eau de pluie dissout le savon, et est propre à la cuisson des légumes : c'est de toutes les espèces d'eau celle qui est plus convenable à la végétation.

3° L'eau de la rosée convient au blanchîment des toiles écrues, de la cire, et à l'oxidation du fer en limaille, parcequ'étant très divisée, elle cède facilement son oxigène en se vaporisant aux premiers rayons du soleil qui paroissent.

4° Les eaux potables de sources et de rivières sont préférables, pour la boisson des hommes et des animaux, à l'eau des citernes, parcequ'elles sont plus légères et qu'elles contiennent de l'air d'interposition. On les reconnoît par la faculté qu'elles ont de dissoudre le savon et de cuire les légumes : lorsqu'elles jouissent de cette propriété, elles sont utiles aux arts chimiques, à la pharmacie, à la préparation des aliments et aux usages domestiques.

5° Les eaux crues, qui contiennent du sulfate calcaire, sont propres aux arts du tanneur, du corroyeur, du parcheminier ; elles servent dans les grandes usines, où la pureté de l'eau n'est pas de rigueur.

6° La glace est employée en médecine comme tonique ; elle a donné naissance à l'art du glacier-confiseur ; on s'en sert pour rafraîchir les liquides, pour accélérer la perfection des ratafias ; elle sert dans les arts physiques et chimiques ; elle rappelle la circulation chez les animaux dont les extrémités ont été gelées.

7° La neige produit le même effet que la glace sur les extrémités gelées ; elle guérit les engelures ; elle sert dans les expériences de chimie pour la congélation du mercure et autres fluides, en y ajoutant de l'acide nitrique ou du muriate de chaux desséché.

8° Enfin, l'eau réduite en vapeurs par le calorique, constitue les bains de vapeurs, augmente l'intensité de la flamme des combustibles, ramollit les cornes et les os des animaux,

et devient une puissance énorme pour faire
mouvoir des leviérs ou de fortes machines, à
raison de son extrême dilatation et de sa force
expansive, lorsque sa vapeur est dirigée par un
canal étroit : telles sont, pour exemple, les
pompes à feu.

AGENTS PRIMITIFS.

PREMIER TABLEAU.

DÉNOMINATION. {
Lumière.
Calorique.
Gaz hydrogène.
— azote.
— oxigène.
Air atmosphérique.
Eau.

DES AGENTS SECONDAIRES.

Examen physique et chimique des Combus-
tibles. Rapport intime qu'ils ont avec les
différents corps de la nature.

O<small>N</small> comprend généralement sous le nom de
combustibles tous les corps qui ont plus ou
moins de tendance à se combiner avec le principe oxigène; mais la force d'attraction chimique entre les divers combustibles, à l'égard de
ce principe, n'étant pas la même, il en résulte
que ces corps, déjà combinés par la nature ou
par l'art, peuvent éprouver et éprouvent très
fréquemment de nouvelles combinaisons qui
donnent naissance à une infinité de corps autres
que ceux qui existoient auparavant.

Les combustibles sont simples ou composés.
Les premiers ne participent que d'un seul radical; les seconds sont des produits de plusieurs
radicaux.

Les combustibles simples sont au nombre de six, savoir : lés gaz hydrogène et azote, dont l'origine est immédiate, c'est-à-dire indépendante des autres corps, et que nous avons placés pour cette raison au rang des agents primitifs ; les quatre autres sont le phosphore, le soufre, le carbone, et les métaux. Nous considérons ceux-ci comme des agents secondaires, 1° parcequ'ils sont d'origine médiate, c'est-à-dire, qu'ils font partie des principes qui constituent les corps végétaux et animaux, et qu'ils en dérivent nécessairement ; 2° parcequ'ils agissent comme corps principes à l'égard d'une infinité de corps avec lesquels ils forment des combinés et surcombinés. Profitons de la circonstance dans laquelle nous place l'examen des combustibles, pour prouver à l'Europe savante que toute la nature a commencé par la combustion, qu'elle se perpétue par la combustion, qu'elle finira par la combustion, et qu'elle se renouvellera par la combustion (1); mais pour suivre tous

_____

(1) Le mot *combustion* est ici synonyme de celui

les phénomènes que celle-ci opère dans la
nature, il faut d'abord bien s'entendre sur ce
qu'elle est en elle-même.

La combustion est une action déterminée
par la puissance d'attraction qui s'exerce entre
un combustible et le radical du gaz oxigène,
qui est le principe essentiel de toute combustion. Nous avons dit plus haut que les gaz
hydrogène et azote faisoient partie des agents
primitifs de la nature ; ajoutons ici que le gaz
oxigène, ou, si on l'aime mieux, son radical, est
dans son genre un agent essentiel, sans la présence et les propriétés duquel il ne s'opèreroit
point de combustion ; et nous aurons la connoissance des trois principes primitifs dontles
combinaisons relatives ont produit les premiers fondements sur lesquels reposent aujour-
d'hui tous les corps créés. Mais ne précipitons

---

d'*oxigénation*, et ne doit pas être pris dans l'acception
vulgaire. L'on verra plus bas ce que c'est que la combustion, et combien elle comporte de différence dans
ses degrés.

pas nos démonstrations; terminons celle qui se rapporte à la combustion.

La combustion est ou commençante, ou moyenne, ou absolue. Elle est commençante, lorsque le radical combustible ne subit qu'un premier degré d'oxigénation, c'est-à-dire que dans ce premier état de combinaison il y a excès de base combustible au-delà du point de saturation avec le radical oxigène. *Exemple :* l'air atmosphérique, lequel contient du gaz azote en excès de sa combinaison avec l'oxigène.

La combustion est moyenne, lorsque les proportions entre l'oxigène et le combustible sont telles, que celui-ci tient le milieu entre sa combustion commençante et sa saturation absolue par l'oxigène. C'est ainsi que le gaz azote, combiné avec le gaz oxigène en quantité respective de non saturation, est converti en gaz nitreux.

Enfin, la combustion est absolue, lorsque le combustible est parfaitement saturé d'oxigène; alors il a perdu toute sa combustibilité, et il entre dans la catégorie des corps brûlés. Tel est encore le gaz azote saturé d'oxigène, connu sous le nom de *gaz nitrique*. J'ai cité les trois degrés de combustion du gaz azote, afin de rendre plus saillants les trois exemples.

La combustion est immédiate ou médiate, lente ou rapide. Elle est immédiate, lorsqu'elle s'exerce par le contact entre l'oxigène et le combustible, à l'aide de l'étincelle électrique ou d'un corps rouge de feu ou enflammé : elle est médiate, lorsqu'elle s'opère par le transport de l'oxigène déjà combiné sur un autre combustible. Ce genre de combustion s'exerce par la décomposition d'un corps déjà brûlé par un autre combustible. *Exemple :* la décomposition de l'acide nitrique par le phosphore, celle de l'acide sulfurique par le carbone : cette dernière s'opère perpétuellement dans le vaste laboratoire de la nature : c'est ainsi que nous voyons s'opérer la conversion du sulfate calcaire en carbonate calcaire, par la décomposition de l'acide sulfurique de ce sulfate, et sa

conversion en acide carbonique par le carbone, d'où il résulte un carbonate à la place
du sulfate. -

La combustion est lente, lorsqu'elle s'opère
d'une manière insensible et avec le temps: c'est
ainsi que les plantes potagères, privées du
contact de la lumière, perdent leur faculté
combustible par la réaction de l'oxigène de l'eau
de végétation sur le carbone et l'hydrogène des
végétaux ; la même combustion lente s'exerce
sur le bois, improprement appelé *bois pourri*.
Ce phénomène d'une combustion lente se ma-
nifeste d'une manière insigne sur les feuilles des
végétaux, qui se décolorent et s'oxident à mesure que l'acte de la végétation se consomme
et qu'elles arrivent au terme de leur caducité.
Les métaux oxidables éprouvent également une
combustion lente par leur oxidation, soit par
leur contact avec l'air humide, soit par la décomposition de l'eau de l'oxigène de laquelle ils
s'emparent dans l'intérieur de la terre.

La combustion est rapide, lorsque l'appli-

cation du principe oxigène sur un combustible
s'y opère abondamment, et qu'elle est accom-
pagnée de l'étincelle électrique. Les exemples
de ce genre de combustion se multiplient à
l'infini, et se présentent à nos yeux dans une
infinité de circonstances, de rencontres particulières entre le principe de combustion et les
diverses espèces de combustibles, tant simples
que composés : et ce qui a été long-temps un
prodige pour le plus grand nombre, et qui a
cessé d'en être un aux yeux des savants, ce sont
les effets merveilleux qui accompagnent ces
combustions rapides et spontanées, et les divers produits qui en résultent. Élevons nos
regards attentifs sur ces météores lumineux
qui se manifestent dans les régions plus ou
moins hautes de l'atmosphère, tantôt répan-
dant une lumière resplendissante sans accompagnement d'eau ni de bruit; tantôt, au
contraire, accompagnés d'une tonitration effrayante, avec formation d'eau ou de grêle, dont
la chute est terrible par les ravages qu'elle pro-

duit; et nous aurons une idée de la combustion
rapide spontanée. Mais ne pouvons-nous pas
nous en former une nouvelle en portant notre
vue sur ces montagnes de feu qui projettent
au loin dans les airs et autour d'elles ces la-
ves enflammées, lesquelles consument tout ce
qu'elles touchent, et qui frappent de stérilité;
pendant la durée de plusieurs siècles, les terres,
auparavant fertiles, qu'elles viennent de couvrir? Si cette combustion rapide s'exerce sur
les végétaux et les animaux renfermés dans
nos habitations, dans nos bâtiments d'exploi-
tation, ne sommes-nous pas nous-mêmes frap-
pés de terreur à l'aspect de cette superbe hor-
reur qui anéantit pour toujours les produits
de nos longs et pénibles travaux? Ces grands et
sublimes phénomènes de la combustion qui se
renouvellent à chaque instant, dont nous sommes tantôt les témoins admirateurs, tantôt les
spectateurs étonnés, font naître, dans le sens intime qui dirige nos pensées, des idées d'une
plus haute conception. Nous tâchons de re-

monter aux causes, et en comparant ce qui
s'exécute en petit sous nos yeux avec ce que
nos connoissances actuelles nous permettent de
supposer avoir dû s'opérer hors de nous, nous
croyons pouvoir remonter à l'origine des corps
de la nature. Ses premiers rudiments s'offrent à
notre intelligence sous deux acceptions de principes, aussi simples que possible ; savoir, les
principes combustibles et le principe de combustion. Si nous passons du simple au composé,
nous voyons que la nature ne s'est point écartée
des lois auxquelles elle est soumise pour étendre l'œuvre de la création : nous voyons qu'elle
a combiné immédiatement le gaz oxigène, qui
est le principe de combustion, avec les gaz hydrogène et azote, qui sont les premiers combustibles, pour en former des agents primitifs
d'un nouvel ordre, ou autrement des agents
composés. On peut se faire une idée du mouvement tumultueux qu'a dû occasionner une
conflagration générale de ces combustibles gazeux qui remplissoient un espace incommen-

surable; mais il n'appartient pas au génie humain d'en calculer la force, ni de mesurer
l'étendue que remplirent les produits résultants
de cet embrâsement universel; tout ce que nous
en pouvons conclure, d'après l'expérience chimique de la combustion de ces gaz combustibles, telle que nous l'opérons dans nos laboratoires, c'est ce que nous avons déjà dit
(pages 15 et suiv.) qu'il en est résulté de la
lumière, du calorique, de l'air et de l'eau; et
que ces premiers agents nécessaires, par qui tout
ce qui est a commencé, sont bien positivement
des produits de la combustion. Si nous suivons
de l'œil de l'observateur toutes les phases de la
vie organique, tant des végétaux que des animaux, nous remarquons que toutes les transi-
tions qu'ils subissent, depuis leur naissance
jusqu'à la cessation de leur vie, ne sont, à proprement parler, que des résultats d'une combustion commençante, moyenne et absolue.
Cette expression n'est point au figuré; la combustion est une véritable oxigénation; et le der-

nier degré d'oxigénation à l'égard des corps organiques , est le terme de la vitalité.

Je ne porterai pas plus loin les considérations qui naissent de ce premier examen ; il me suffit, quant à présent, d'avoir fait connoître que les corps naturels ont commencé et se perpétuent par la combustion. Voyons actuellement comment il est possible que la nature finisse et se renouvelle par la combustion. N'oublions pas que la combustion est commençante , moyenne et absolue. N'oublions pas non plus que l'eau est le premier réceptacle que la nature ait offert aux germes spécifiques des végétaux et des animaux destinés à y acquérir la vie organique. Le peuple immense qui a parcouru et qui parcourt encore tous les espaces de la vie dans ce liquide, n'a pu le faire, et ne le fait qu'aux dépens de la décomposition de l'eau, conséquemment de la diminution de son volume. Cette diminution est devenue plus considérable dès que les végétaux et les animaux terrestres ont pu rencontrer une surface solide propre à les recevoir. La formation des minéraux contribue pour sa part à la diminution du volume de ce liquide : il est vrai que cette diminution est peu sensible, puisqu'elle n'est évaluée qu'à un pouce ou environ, dans sa surface, par siècle ; mais qu'importe l'époque à l'égard du fait physique qui doit avoir lieu lors de la conversion totale de l'eau en corps solide, par suite de sa décomposition et de ses nouvelles combinaisons ? on peut préjuger une conflagration générale déterminée par une sécheresse absolue ; nous en avons des exemples en petit par les combustions spontanées. Enfin, tous les corps de la nature étant ramenés à leurs principes primitifs, ces principes, en se combinant de nouveau, pourront donner naissance à un nouveau monde.

Il nous reste un examen à faire sur les divers degrés de combustibilité du phosphore, du soufre, du carbone, et des métaux, dont la solution est propre à répandre un grand jour sur leurs diverses puissances d'attraction de

I. 8

combinaison. Dire que les combustibles ont plus ou moins de tendance à se combiner avec l'oxigène, c'est exprimer une vérité généralement reconnue; mais ce n'est pas assez dire pour le physicien naturaliste, pour le chimiste lui-même, qui cherche à pénétrer dans les mystères de la création, ou dans ceux des combinaisons. Le naturaliste, en examinant les corps que la terre offre à ses regards, tant à sa surface que dans son intérieur, à des profondeurs inégales, se demande comment il se fait qu'il aperçoit ici du soufre, là des métaux, dont quelques uns sont natifs, jamais de phosphore, jamais de carbone à nu (1). Le chimiste, dans son laboratoire, parvient à isoler chacun de ces combustibles simples, quel que soit l'état de leurs combinaisons; mais souvent il demeure étonné de la contrariété qui se présente dans le jeu des décompositions et des

_____

(1) Le diamant n'est plus regardé comme du carbone pur, il contient un trentième d'hydrogène.

nouvelles combinaisons qui résultent de ses expériences chimiques. Tantôt c'est le phosphore
qui déplace le carbone de sa combinaison avec
l'oxigène, tantôt au contraire c'est le carbone
qui, en s'emparant de l'oxigène combiné avec
le phosphore, met ce dernier à nu. Le naturaliste remarqué que le carbone déplace le
soufre de sa combinaison avec l'oxigène ; ce
qui est démontré par la conversion du sulfate
calcaire en carbonate calcaire par l'intermède
du carbone. Le chimiste confirme le même
phénomène d'attraction, et prouve que le carbone a plus d'attraction pour l'oxigène que
n'en a le soufre. D'un autre côté, si l'on con-
sulte les degrés de combustibilité des combustibles, on remarque des différences si notables,
sur-tout lorsqu'on vient à les comparer avec
leur force d'attraction chimique, que l'on se
voit obligé de distinguer deux genres d'attraction entre les combustibles et l'oxigène ; savoir
l'attraction de combustion et l'attraction d'adhésion. La première se rapporte à la rapidité

avec laquelle s'opère la combustion, et on remarque qu'elle s'exécute en raison directe de
leurs molécules plus écartées; la seconde se
rapporte à la force d'adhésion entre les molécules des nouveaux combinés des combustibles
avec le principe oxigène, et celle-ci est en raison
inverse de leurs molécules plus écartées.

L'échelle de combustibilité des corps combustibles peut être graduée sur leurs degrés de
fluidité et de fusibilité : la force d'attraction
entre les combustibles et l'oxigène peut de
même être mesurée ou évaluée en raison comparée de leurs degrés de combustibilité; en
sorte que l'on peut établir comme principe
certain, que plus un combustible se trouve
naturellement combiné avec le calorique, ou est
habile à s'en laisser pénétrer de manière à tenir
ses molécules écartées, plus il est éminemment
combustible, plus il a de tendance à se combiner avec l'oxigène, mais moins il a de capacité pour le retenir.

L'échelle de graduation des combustibles
doit être ainsi formée :

1° Le gaz hydrogène ;

2° Le gaz azote ;

3° Le phosphore ;

4° Le soufre ;

5° Les métaux ;

6° Le carbone.

La force d'attraction de combinaison, ou la capacité des combustibles pour retenir l'oxigène, doit être estimée dans l'état absolument inverse.

Les combustibles peuvent se combiner entre eux, et former des combinés qui offrent des propriétés totalement différentes de celles qui appartiennent à chacun d'eux : c'est ainsi que, lors de la désorganisation putride des végétaux et des animaux, nous reconnoissons la formation des hydrogènes carboné, sulfuré, phosphoré, azoté ou ammoniaque ; et que dans l'intérieur de la terre nous trouvons des hydrures, des phosphures, des sulfures et des carbures métalliques.

Le rapport des combustibles avec les diffé-

rents corps naturels nous semble bien plus
intime encore lorsque nous les apercevons
combinés avec l'oxigène dans les proportions
d'oxigénation ou combustion commençante,
moyenne et absolue; c'est alors que nous reconnoissons des oxidules et des oxides, des
acides imparfaits et parfaits, et bientôt après
toutes les combinaisons de ces différents genres
d'acides avec les bases salifiables et les oxides
métalliques. Les pierres même, du moins le
plus grand nombre, doivent leur formation
aux combustibles convertis en acides.

En annonçant que toute la nature est ap-
puyée sur les combustibles et le principe de
combustion, que tous les corps qui existent
sont ou combustibles, ou leur doivent leur formation, nous n'avons pas eu la prétention
d'émettre une opinion ignorée des savants;
mais il n'existe aucun ouvrage *ex professo* sur
cette grande et belle question; peut-être ce
travail, tout imparfait qu'il soit, deviendra-t-il
le germe d'un travail qui prouvera jusqu'à l'é-

vidence que tous les corps de la nature se composent de la combustion naissante, moyenne et absolue, et des divers produits qui en dérivent (1).

DU PHOSPHORE.

Propriétés physiques.

1° Le phosphore est un corps *sui generis* qui a la propriété de s'enflammer par son seul contact avec l'air. Il doit son origine aux animaux, dont il est une des parties composantes sous l'état de phosphate calcaire, lequel constitue les os : on le rencontre aussi dans quel-

---

(1) Les expériences, par le galvanisme, qu'a faites M. Davy de Londres, et qui lui ont mérité le prix proposé par l'Institut impérial de France, expériences par lesquelles il a démontré que la potasse et la soude étoient des corps composés d'un combustible particulier ayant l'apparence du mercure, et d'oxigène, tendent à faire présumer que toute la nature se compose de deux espèces de corps. Dans l'une on comprendroit la lumière, le calorique, l'électricité et l'oxigène ; dans l'autre, tous les combustibles. Cette présomption vient à l'appui de ce que j'ai avancé au commencement de cet article.

qués végétaux, notamment dans l'ail et le sucre.

2° Le phosphore s'enflamme sans le concours de l'étincelle électrique.

3° Ce combustible est sous l'état d'agrégé solide à la température de l'eau jusqu'à dix degrés.

4° Le phosphore se liquéfie dans l'eau, dont la température a été élevée à quinze degrés. Il se liquéfie aussi à l'approche du calorique.

5° Le phosphore conservé dans l'eau décompose ce fluide en partie, et se convertit en acide phosphoreux, que l'eau non décomposée tient en dissolution : ce phénomène chimique est confirmé par la propriété qu'a cette eau de convertir en rouge les couleurs bleues végétales.

6° Le phosphore est soluble dans le gaz hydrogène, dans les huiles fixes et volatiles, et perd sa propriété combustible à l'air libre, lorsqu'il est combiné dans ces corps; il s'y rencontre en partie sous l'état d'hydrogène phosphoré.

7° Ce combustible a une si grande attraction

pour le calorique, qu'il se dissout dans l'éther sulfurique à cinquante-quatre degrés de légè-reté, en s'emparant d'une partie du calorique de ce fluide éthéré.

8° Le phosphore, combiné avec l'oxigène dans des proportions différentes, forme des acides phosphoreux et phosphorique.

9° Le phosphore se combine avec certains métaux, et forme avec eux des phosphures métalliques.

Utilité du Phosphore.

1° Le phosphore est placé au rang des médi-caments héroïques. On s'en sert en médecine, intérieurement, à très petite dose, comme d'un stimulant, et dans le cas de prostration des forces.

2° On s'en sert extérieurement en pommade pour réparer les forces des parties foibles du corps, particulièrement celles des articulations.

3° On en prépare un phosphore hydrogéno-carboné;

l'éther phosphoré;

une pommade phosphorée;

des potions } phosphorées (1).
des pilules }

4° On en prépare les acides { phosphoreux ; phosphorique ;

des phosphites ;

des phosphates.

5° On fait avec le phosphore des mèches ou bougies phosphoriques, pour se procurer du feu pendant la nuit.

6° On trace des dessins avec le phosphore, pour être vus dans des lieux sombres.

DU SOUFRE.

Propriétés physiques.

1° Le soufre est un combustible *sui generis*, dont l'origine est due aux animaux et aux végé-

---

(1) M. Lescot, très habile pharmacien de Paris, a publié un excellent mémoire sur les propriétés médicales du phosphore employé intérieurement et extérieurement. C'est à ce savant praticien que l'on doit l'application de ce remède héroïque à l'art de guérir. Il est parvenu à le rendre miscible à une infinité de corps sans lui faire éprouver d'altération sensible, ou du moins celle-ci est si peu sensible, que l'on peut évaluer la quantité précise du phosphore administré.

taux, dans l'organisation desquels il existe tout formé.

2° C'est un corps solide à la température habituelle dans laquelle nous vivons : il est fragile ou cassant, inodore lorsqu'il est parfaitement sec, odorant lorsqu'il est dans une atmosphère humide ; d'une couleur citrine, tirant sur le rouge, lorsqu'il est nouvellement agrégé ; d'une couleur pâle lorsqu'il a été exposé à la lumière, et presque blanc lorsqu'il est très divisé.

3° Le soufre est électrique par frottement ; il se fendille avec un petit craquement lorsqu'il est échauffé par une chaleur douce de la main ; fusible à différents degrés de température, depuis l'agrégation molle jusqu'à la fluidité parfaite ; volatil à une température plus élevée.

4° Le soufre est combustible avec deux flammes : la première est bleue et exhale un acide gazeux suffocant, c'est l'acide sulfureux volatil ; la seconde est blanche, c'est le soufre saturé d'oxigène ou l'acide sulfurique gazeux.

5° Ce combustible se rencontre dans la nature sous quatre états ; savoir, déposé irrégulièrement, cristallisé, sublimé, et combiné sous l'état de sulfure avec les métaux, la chaux, et la magnésie.

6° Le soufre est le grand minéralisateur des métaux.

7° Ce combustible est soluble dans le gaz hydrogène, et par l'interméde de celui-ci il devient soluble dans l'eau, d'où naît l'eau gazeuse hydrogéno-sulfurée, et le soufre cristallisé natif.

8° Le soufre est insoluble à froid dans les huiles fixes et volatiles ; mais il y tient ses molécules suspendues à l'aide du calorique : il se précipite à mesure que le mélange se refroidit, et l'huile décomposée en partie retient un peu d'hydrogène sulfuré.

Utilité du Soufre.

1° Le soufre est d'un grand usage en pharmacie, en médecine et dans les arts.

2° On en prépare des pilules, des tablettes,

une pommade, des huiles hydrogèno-sulfurées, des sulfures alcalins, des sulfures métalliques, notamment le cinabre.

3º Le soufre sert dans le blanchîment des soies, des gazes, en le brûlant dans des lieux fermés.

4º Le soufre sert à fabriquer en grand l'acide sulfurique, en le brûlant dans des chambres de plomb.

5º Ce combustible entre dans la composition de la poudre à canon.

6º On prépare avec le soufre liquéfié, des mèches soufrées, des allumettes.

7º Le soufre, plongé dans l'eau, en change la température, qui devient plus froide en absorbant du calorique de ce fluide.

8º On prépare en grand le soufre sublimé, connu vulgairement sous le nom de *fleurs de soufre*.

9º Le soufre uni à l'arsenic forme un sulfure jaune et rouge, dont on tire un très grand parti dans la peinture et dans la joaillerie.

10° Le soufre et la limaille de fer, mêlés en grande quantité et humectés avec de l'eau, offrent en petit le phénomène d'un volcan.

DU CARBONE.

Propriétés physiques.

1° Le carbone est un combustible simple *sui generis*, comme tous les combustibles connus.

2° L'origine du carbone est dûe aux végétaux et aux animaux, dont il est un des principes composants.

3° Le carbone pur ne se rencontre pas dans la nature. Le diamant, que l'on avoit regardé comme le carbone le plus pur, est reconnu aujourd'hui pour être un composé de soixante-dix parties de carbone et de trente d'hydrogène.

4° On n'obtient le carbone pur que par la décomposition de l'acide carbonique combiné avec une base salifiable, par l'intermède du phosphore.

5° Le carbone est très répandu dans la na-

ture ; mais il s'y rencontre constamment, soit
uni à d'autres corps, soit sous l'état de gaz
acide carbonique, tel que dans l'air atmosphérique, dont il fait le quatre centième : on le
rencontre aussi sous le même état d'acide gazeux
dans les eaux minérales gazeuses, ou combiné
avec des bases salifiables.

6° La connoissance du carbone, celle de
son origine, celle de son attraction de combinaison avec une infinité de corps, découvre
une grande partie du voile dans lequel la nature s'enveloppe pour former les pierres, les
marbres, les albâtres, et toutes les terres comprises dans la classe des carbonates calcaires.

Utilité du Carbone.

1° Les services que peut offrir le carbone
sont multipliés à l'infini.

2° Le carbone qui constitue le charbon
végétal est un des meilleurs combustibles
pour les usages économiques et domestiques.
Nous le ferons connoître, ainsi que les incon-

vénients qui l'accompagnent pendant sa combustion, en parlant de toutes les espèces de
charbons connus.

3° Le carbone, à raison de son attraction
pour l'oxigène, est un puissant agent de dés-
oxigénation et de désoxidation; il devient aussi
un principe décomposant des acides sulfurique, nitrique et phosphorique.

4° Le carbone est la partie combustible du
charbon, et c'est à cette partie que l'on doit
rapporter tous les phénomènes chimiques qui
se passent lors de la combustion du charbon.
Voyez Charbon.

DES MÉTAUX CONSIDÉRÉS COMME COMBUSTIBLES.

Propriétés physiques.

1° Les métaux sont des combustibles simples, lorsqu'ils jouissent eux-mêmes d'une simplicité positive.

2° Ils ont été placés au rang des combustibles, par la raison qu'ils ont plus ou moins de
tendance à se combiner avec l'oxigène.

3° Tous les métaux ne jouissent pas du même degré de combustibilité : quelques uns brûlent avec flamme, d'autres sans flamme.

4° Les métaux les plus éminemment combustibles peuvent brûler sans produire de flamme sensible. Pour opérer l'inflammation d'un métal, il faut qu'il soit en contact immédiat avec le gaz oxigène, et que sa température soit élevée au rouge de feu.

5° Les propriétés physiques des métaux, autres que la combustibilité, nécessitent des détails qui demandent un examen particulier (*Voyez* Métaux, dans la série des corps minéraux.)

Utilités des Métaux considérés comme combustibles.

1° La combustibilité des métaux intéresse l'artificier, qui les fait entrer dans la composition des feux d'artifice. L'antimoine, le zinc, l'étain, le fer, et le cuivre ont une manière de

I. 9

brûler qui varie très agréablement la couleur et l'éclat brillant de ces feux.

2º La combustibilité des métaux démontre au naturaliste la cause de l'oxidation qui s'opère dans le sein de la terre.

3º Le physicien y reconnoît la perte qu'ils font de leur brillant métallique.

4º Le chimiste conçoit la cause de leur augmentation de poids après leur combustion ; et c'est à raison de cette faculté combustible qu'il a classé les métaux en *acidifiables* et en *oxidables*.

TABLEAU DES AGENTS SECONDAIRES.

Combustibles du second ordre.

DÉNOMINATION.
{
1º Phosphore.
2º Soufre.
3º Métaux.
4º Carbone.
}

PRODUCTIONS IMMÉDIATES.

PREMIER ORDRE.

DES VÉGÉTAUX.

Les végétaux sont des corps organisés qui vivent, croissent, se multiplient, sans avoir la faculté de sentir ni celle de se mouvoir spontanément.

Les physiciens naturalistes se sont beaucoup occupés de l'examen des corps vivaces; ils ont signalé les caractères qui leur appartiennent, ceux qui les distinguent entre eux, ceux encore qui expriment positivement la différence de leur organisation comparativement à celle des animaux; en sorte que ce ne seroit que répéter ce qui a été dit nombre de fois, si nous rappelions ici tout ce qu'il y auroit à dire pour faire l'histoire complète des végétaux et de l'acte de la végétation. Mais il est quelques considérations relatives à l'aliment dont se nourrissent les végétaux, et à la manière dont ils se l'approprient, qui ont besoin d'être éclaircies et plus parfaitement approfondies, pour se former

des idées justes et précises sur les principes de
leur organisation, et sur l'élaboration parfaite
de ces principes qui se constituent principes
immédiats.

Les végétaux se nourrissent par aspiration et
par iutus-susception. La nutrition par aspiration
s'opère par les organes suçoirs des racines; celle
par intus-susception s'exécute par les organes
de la respiration, lesquels sont placés sur les
surfaces extérieures des végétaux, savoir : dans
toute la longueur de la tige, sur la couche corticale et dans les feuilles.

Les supports naturels des végétaux et qui
servent de matrices propres au développement
de leurs germes spécifiques et à leur accroissement, sont la terre et l'eau : de là la distinction entre les plantes terrestres et les plantes
aquatiques. On a mis en problême, savoir : si la
terre entroit pour quelque chose, comme matière alimentaire, dans la nutrition, l'accroissement et la perfection des principes des végétaux. La solution de ce problême se rencontroit
naturellement dans l'accroissement des plantes
dans l'eau. La terre, comme corps solide, ne
peut pas faire l'aliment d'un végétal, dont tout
l'organisme consiste en vaisseaux capillaires
qui ne peuvent exercer que des fonctions as-

pirantes et expirantes ; conséquemment, quelle
que soit la nature des aliments propres aux
végétaux , ils doivent être essentiellement
fluides...

Une autre considération à examiner, c'est
que les végétaux diffèrent entre eux par la
texture, par la nature de leurs principes, par
leur port, leur solidité organique , leur élévation au-dessus de leur support naturel ; celui-
ci doit donc convenir au végétal, au soutien et
à la subsistance duquel il doit pourvoir. C'est
ici, le moment de faire remarquer que si la
terre ne fournit rien de sa substance solide en
faveur de l'accroissement des végétaux , elle est
plus ou moins habile, à les recevoir à leur servir
de matrice, de support, à leur transmettre
l'aliment qui leur convient, à retenir ou laisser
échapper le fluide aqueux , les fluides gazeux
dont elle est imprégnée, et qui peuvent leur
convenir ou leur être nuisibles. La terre est à
l'égard des végétaux non seulement une matrice nécessaire, un support, mais elle est dé-
positaire des éléments principes qu'ils doivent
s'approprier, et dont ils doivent se composer.
Les belles expériences des *Vanhelmont,* des
Homberg, des *Duhamel,* des *Grew,* ont sans
doute beaucoup avancé la théorie de la végéta-

tion; mais il restoit beaucoup à faire encore,
et les membres de nos célèbres académies d'a-
griculture ont porté bien loin les remarques,
fruits de leurs, nombreuses et savantes expériences : j'en ai fait, pour ma part, quelques
unes qui m'ont démontré qu'il étoit possible
de reconnoître à l'aspect des racines, de leur
texture, dont la fibre est ou plus lâche ou plus
serrée, dont la substance pulpeuse est ou plus
molle ou plus sèche, la qualité de la terre dans
laquelle on devoit cultiver par préférence télle
ou telle espèce de végétaux. J'ai remarqué que
les plantes destinées à produire des fruits sucrés
réussissoient parfaitement bien dans un terrain
qui s'imprégnoit d'humidité, la retenoit et
contenoit les matériaux qui dégageoient plus
d'hydrogène carboné (1). Outre les divers engrais connus dont les propriétés physiques sont
si contrastées entre elles, et dont l'application
est toujours relative à la qualité du terrain et
à la nature du végétal que l'on se propose d'y
cultiver, j'ai souvent employé le charbon
comme engrais, en le mêlant avec du terreau
de couche, principalement pour la culture des

(1) La condition relative à la température du climat
est sous-entendue.

fruits à noyaux; par la raison que le charbon
a la propriété d'absorber les fluides gazeux, de
les retenir plus long-temps, de se combiner
insensiblement avec eux, et de former des
combinés analogues à ceux qui constituent le
principe sucré des végétaux. Mais ne nous
éloignons pas trop de l'objet principal de notre
travail. Nous avons à faire connoître les divers
points d'utilité des végétaux; nous ne pouvions
guère nous dispenser de faire connoître les
matériaux immédiats dont ils sont composés.
Les chimistes se contentent de dire que ce sont
des corps composés de carbone, d'hydrogène
et d'oxigène; les naturalistes les considèrent
physiologiquement, c'est-à-dire conformément à l'usage et au jeu de leurs organes, à
leur texture, à leur durée, au nombre de parties qui les composent : les botanistes les soumettent au système, à la méthode classique,
d'après la considération du nombre, de la disposition, de la forme des organes de la généra-
tion. Nous adopterons le mode d'examen des
naturalistes, comme plus propre à nous guider
dans la marche que nous nous proposons de
suivre pour constater l'utilité que les hommes
peuvent tirer de ce genre de productions de la
nature.

Les végétaux sont ou complets ou incomplets ; les premiers sont composés de cinq parties distinctes, savoir : de racines, de tiges, de feuilles, de fleurs, et de fruits ou semences.

Les végétaux incomplets sont ceux auxquels il manque quelques unes de ces cinq parties.

Le seul examen de chacune des parties des végétaux, surtout si l'on s'attache à les considérer sous le rapport des fonctions que chacune d'elle remplit à l'égard du végétal entier, sous celui des différentes pièces organiques dont chacune est composée, d'après la qualité et la propriété des principes qui les constituent ; et si l'on prend en considération l'état d'enfance des végétaux, celui de leur maturité relative, positive, ou absolue, ce seul examen suffit pour occuper l'imagination la plus exercée. Cependant les végétaux nous fournissent encore d'autres produits dont les uns portent le nom de *principes immédiats*, et quelques autres qui sont des produits d'une excrétion d'accident, tels que les excroissances fongueuses et les gales. Ce surcroît d'examen ajoute aux difficultés que nous avons à vaincre pour établir avec ordre les propriétés et l'utilité que l'on peut retirer des végétaux. Mais si les difficultés se multiplient, la méthode et l'art nous

offrent leur secours pour en triompher; et si
nous n'atteignons pas précisément le but que
nous nous sommes proposé, du moins nous
aurons montré le désir de l'atteindre.

Examinons par ordre de succession chaque
partie distincte des végétaux , tels que la
nature les présente à nos yeux; faisons-les connoître physiquement, chimiquement, et sous
leurs rapports avec l'économie domestique, les
différents arts ; alors nous embrasserons la totalité des productions végétales et celle de leur
utilité. Nous pourrons nous livrer ensuite à
l'examen de leurs produits excrétoires, d'accident, et de leurs principes immédiats.

DES RACINES.

Les racines contiennent les organes suçoirs
à l'aide desquels les végétaux reçoivent par
aspiration les fluides propres à leur servir d'aliment et à contribuer à leur accroissement;
elles servent en même temps de supports aux
plantes qu'elles sont destinées à tenir plus ou
moins élevées au-dessus du milieu ; soit aqueux
soit terreux, où elles sont implantées.

Pour faciliter l'étude des végétaux, on a
considéré leurs racines sous le rapport de leur

direction, sous celui de leur forme, de leur texture, de leur saveur, de leur odeur, de leur mollesse ou flexibilité, de leur sécheresse ou solidité, de leurs principes immédiats.

Les racines, considérées d'après leur direction, sont ou pivotantes ou traçantes. Les premières sont ainsi nommées, parcequ'elles s'enfoncent verticalement en terre, et qu'elles ont une forme analogue aux pièces de bois pointues à l'extrémité, connues sous le nom de *pivots*. Les naturalistes remarquent que ces racines sont généralement charnues; pourvues de beaucoup de principes aqueux, et qu'elles ont peu d'adhérence en terre, d'où on peut les arracher très facilement; ils remarquent aussi que les plantes qui s'élèvent de ce genre de racines sont pourvues d'un grand nombre de tiges plus ou moins aqueuses, d'une moyenne élévation, et que leurs feuilles contiennent beaucoup d'eau de végétation.

Les racines traçantes sont celles qui s'épandent horizontalement en terre : celles-ci sont d'une texture plus ou moins serrée, elles ont une plus grande force d'adhésion en terre, et les plantes qu'elles soutiennent s'élèvent à de plus grandes hauteurs.

Les racines dites *fibreuses*, *tubéreuses*,

bulbeuses, sont ainsi nommées à raison de
leurs formes : les unes et les autres sont composées d'un chevelu fibreux qui adhère à un
centre commun, et c'est la forme et la texture
de ce centre qui établissent la différence entre
elles. Si le centre, que les botanistes nomment
corculum, corps moyen, est solide ou ligneux,
la racine est nommée *fibreuse ; exemple*: la
racine d'oseille : si le centre est charnu, glanduleux, ou protubéreux, la racine prend le
nom de *tubéreuse*; *exemple:* pomme de terre:
si le centre est composé de squammes, de tuniques, de lamelles, ou d'une substance solide
charnue, la racine est comprise dans le genre
des racines *bulbeuses*, sauf les divisions relatives que nous venons de signaler. Mais quelle
que soit la forme d'une racine, quel que soit le
genre auquel elle se rapporte, ce qui constitue
la racine proprement dite, ce sont les fibres ou
le chevelu qui adhèrent au centre commun, et
ce centre ou corps moyen est le laboratoire
où la nature rassemble les matériaux qu'elle
doit élaborer en faveur de l'accroissement du
végétal et de sa maturité relative, et où elle
reporte les sucs propres ou principes immédiats des végétaux après la consommation de
l'acte de la végétation, pour les maintenir en

réserve jusqu'au renouvellement de la végétation.

Les racines sont composées de trois parties,
savoir ; de l'extrémité inférieure ou du chevelu
radical proprement dit, du corps du milieu ou
centre commun, et de la partie supérieure ou
collet, qui est marqué par un étranglement qui
la sépare de la tige, et d'où celle-ci s'élève immédiatement.

Les racines, examinées physiquement, sont
composées d'un épiderme ou enveloppe corticale, d'une matière pulpeuse ou charnue, et
d'un méditullium qui devient ligneux avec le
temps.

Toutes les racines ne sont pas d'une texture
uniforme. Les unes sont charnues, flexibles ou
molles : celles-ci sont ou mucilagineuses, ou
mucoso-sucrées ; elles sont en général peu ou
point odorantes. On remarque que la cuite ou
la dessiccation de ces racines développe leur
saveur en rapprochant leurs principes.

Les racines dont la texture est moyenne
entre la mollesse et la solidité, sont odorantes ;
elles contiennent plus ou moins d'huiles volatiles, quelquefois du camphre ; telle est entre
autres la racine d'*enula campana*. On peut
prononcer affirmativement que les racines de

ce genre sont propres à la médecine et à l'usage
de la pharmacie. Il en est dans le nombre quelques unes qui réunissent des principes âcres,
délétères, et alimentaires; *exemple :* les racines
d'éllébore, de mandragore, etc.

Les racines dont la texture est solide, sont
ou nulles, quant aux propriétés physiques, ou
médicales; ou leur utilité réside dans leur
écorce ou enveloppe qui les recouvre; *ex.* la
racine d'ipécacuanha, celle de la quintefeuille
ou *pentaphyllon*, la racine d'une espèce de
buglosse méridionale, connue sous le nom d'*orcanète.*

Si nous considérons les racines sous le rapport de leur utilité, nous reconnoissons que
plusieurs peuvent servir à reproduire les espèces; qu'il en est qui nous servent d'aliments;
plusieurs autres, sont féculantes et pareillement
propres à l'usage de nos tables, et simultanément à l'art de guérir, à celui de l'amidonier, à
celui du colleur, du relieur, du cartonnier;
enfin, qu'il en est d'autres qui sont propres à
l'art du teinturier et aux arts mécaniques.

Pour décrire avec ordre l'utilité des racines, on voit qu'il étoit indispensable de faire
connoître les caractères principaux qui leur
appartiennent comme organes des végétaux,

comme présentant des différences insignes
entre elles, et comme pouvant offrir des services très nombreux et non moins différents,
tant à l'économie domestique qu'aux arts. Mais
il ne suffit pas de peindre à l'imagination ce
que l'on veut bien faire connoître, il faut encore parler aux yeux. Le mode des tableaux
synoptiques est celui qui me paroît le plus
propre à exprimer l'utilité que l'homme peut
tirer des racines, comme faisant partie des
productions immédiates de la nature. Je ferai
remarquer que je ne m'engage pas à dénommer
toutes les racines connues des végétaux, dont
l'usage pourroit se rapporter aux unes ou aux
autres des divisions que j'ai cru pouvoir établir;
il me semble qu'il est suffisant de citer des exemples en nombre convenable, et que, quelles
qu'elles soient, les racines non dénommées se
rapporteront nécessairement à l'une des divisions qui embrassent tous leurs genres d'utilité.

PREMIER TABLEAU.

Des racines propres à multiplier les espèces.

OBSERVATIONS.

LA nature emploie plusieurs moyens pour multiplier les espèces végétales. Je ne citerai ici que celui qui s'opère par les racines. On peut poser en principe général, que toutes les plantes à racines charnues, molles ou flexibles, peuvent se propager ou se multiplier par leurs racines. Cependant il est quelques remarques assez importantes à faire à cet égard : il ne faut pas confondre avec ce moyen de multiplication celui qui se pratique avec les drageons enracinés, c'est-à-dire des portions de racines auxquelles adhèrent des tiges distinctes, telle, que la multiplication du fraisier, du rosier.

La multiplication par les racines est celle qui se pratique avec le corps moyen des racines charnues, avec les oignons ou bulbes tuniquées, écailleuses, charnues ou articulées ; avec les racines tubéreuses coupées par morceaux, en conservant un œilleton dans chaque morceau; et avec les racines traçantes, également coupées par morceaux.

Racines charnues. Première division.

DÉNOMINATION.
{
Bardane.
Belladone.
Chervis, ou chirouis.
Enule campane, ou aunéé.
Guimauve.
Patience.
Raifort sauvage.
Salsifis.
Scorsonère, etc.
}

Racines bulbeuses. Deuxième division.

DÉNOMINATION.
{
Ail.
Anémone.
Asphodèle.
Échalotte.
Jacinthe.
Lis.
Oignon colchique.
Oignon des jardins.
Oignon de scille.
Renoncule.
Tubéreuse.
Tulipe, etc.
}

Racines tubéreuses. Troisième division.

DÉNOMINATION.
{
Arum.
Chélidoine.
Brione.
Filipendule.
Glaïeul.
Iris nostras.
Mandragore.
Pomme de terre, ou patate.
Serpentaire.
}

Racines traçantes. Quatrième division.

DÉNOMINATION.
{
Chiendent.
Réglisse.
Asperge.
Arrête-bœuf.
}

IIᵉ TABLEAU.

Des racines alimentaires ou légumineuses.

Souvent l'usage l'emporte sur la signification propre des mots : on comprend sous le nom de légumes, non seulement les fruits à gousses, destinés à nous servir d'aliments, que l'on fait cuire et que l'on assaisonne pour l'usage des tables, mais même des plantes dites *potagères*, et plusieurs racines, dont quelques unes se mangent cuites, et d'autres se mangent crues. Nous sauvons l'équivoque, en distinguant les racines de cette sorte sous le nom de *racines alimentaires* ou *légumineuses*.

M. *Parmentier* est le seul chimiste et naturaliste qui ait fait connoître d'une manière positive quels étoient les principes qui devoient constituer les parties des végétaux destinés à nous servir d'aliments. Son beau travail sur les graines céréales, sur les racines féculentes, ne laisse rien à désirer ; et il nous a très bien démontré que la partie alimentaire dans les végétaux résidoit particulièrement dans le principe muqueux sucré : mais l'expérience nous a fait remarquer que le principe sucré muqueux n'étoit pas le seul principe alimentaire ; nous rencontrons encore ce principe nutritif dans les parties des plantes qui contiennent de l'hydrogène et de l'azote, et les plantes de la famille des crucifères nous en offrent un exemple bien frappant. Dans le nombre des racines légumineuses que nous allons citer, il en est quelques unes qui contiennent du soufre et du phosphore, telles que les espèces d'ail, d'échalotte : il est bon de connoître quels sont les principes qui s'assimilent à notre substance.

Racines alimentaires légumineuses.

DÉNOMINATION.

Ail.
Betterave.
Carotte.
Céleri.
Chernis, ou chironis.
Échalotte.
Navet.
Ognon de jardin.
Orchys.
Panais.
Pomme de terre, ou patate.
Radis.
Radis noir.
Raifort sauvage.

Suite des racines alimentaires légumineuses.

DÉNOMINATION. $\left\{\begin{array}{l}\text{Raiponce.}\\\text{Rave.}\\\text{Rave petite.}\\\text{Salep.}\\\text{Salsifis.}\\\text{Satyrion.}\\\text{Topinambour, etc.}\end{array}\right.$

IIIᵉ TABLEAU.

Racines féculentes.

OBSERVATIONS.

ON comprend sous cette acception les racines qui recèlent dans leur tissu fibreux un
principe immédiat des végétaux, connu sous
le nom de *fécule*.

L'examen de ce principe, qui est un produit
de l'acte perfectionné de la végétation, démontre évidemment que les végétaux acquièrent
deux degrés de maturité, savoir, la maturité
relative à chacun de leurs organes, et la maturité positive, c'est-à-dire celle qui est le complément du travail de la nature. En effet, la
fécule n'existe pas dans les racines, tant que
l'acte de la végétation se poursuit.

C'est dans la fécule que réside le principe
alimentaire; mais elle est souvent interposée
dans d'autres principes âcres, délétères, qui
en interdiroient l'usage, si l'art ne fût pas parvenu à en opérer la séparation. Si les racines
qui recèlent ce principe ne sont pas d'usage

sur nos tables, elles n'offrent pas moins l'aliment analogue à celui que nous rencontrons dans la pomme de terre. Les sauvages des Antilles, et tous les habitants des Indes occidentales se nourrissent de la fécule appelée *manioc*, dont la racine entière, pourvue de son suc, est un poison. Il est important de connoître ces racines, qui nous offrent un aliment de ressource : du reste elles sont employées en médecine et dans les opérations de pharmacie.

Racines féculentes.

DÉNOMINATION.

{ Arum, ou pied de veau.
Brione.
Cacavi ou manhiot.
Chélidoine petite.
Chiendent (1).
Filipendule.
Flambe, ou iris nostras.
Hellébore, ou ellébore.
Hermodacte.
Mandragore.
Pomme de terre.
Serpentaire.
Tue - chien , ou ognon colchique.

(1) Celle-ci ne contient pas précisément une fécule, mais elle fournit un principe muqueux sucré alimentaire.

IVᵉ TABLEAU.

Racines médicinales.

OBSERVATIONS.

Il existe bien peu de plantes dont les racines n'offrent pas quelques propriétés médicinales. Nous ne connoissons guère que les racines dont la texture est ligneuse qui ne soient pas d'usage en médecine, encore en est-il plusieurs dont l'écorce est employée à l'art de guérir.

Les racines médicinales sont ou indigènes ou exotiques ; elles sont employées ou récemment arrachées de terre, ou sèches. La plupart de celles que nous avons signalées dans les tableaux précédents ont quelques rapports à l'art de guérir.

Dire en général que les racines des plantes sont propres à l'usage de la médecine, c'est exprimer une vérité reconnue. Mais fidèle au plan que nous avons adopté, nous citerons singulièrement celles que l'on est dans l'usage de conserver sèches dans les magasins de pharmacie., et quelques autres qui font partie du commerce de la droguerie.

Racines médicinales.

DÉNOMINATION.
{
Aconit, ou tue-loup.
Acorus verus, ou roseau aro-
matique.
Ail serpentain, ou nard-faux.
Angélique de Bohême.
Aristoloche.
Arum.
Azarum, ou cabaret.
Behen blanc.
Behen rouge.
Brione.
Bistorte.
Canne.
Carline.
Chausse-trape.
Chiendent.
Cynoglosse.
Colombo.
Contrayerva.
Costus d'Arabie.
Dentelaire.
Doronic.
Ésule.
Filipendule.
Flambe.
Fraxinelle, ou dictame blanc.
Galanga.
}

Racines médicinales.

DÉNOMINATION.
{

Genseng, ou nisi.
Gentiane.
Gingembre.
Guimauve.
Hellébore { blanc.
            noir.
Hermodactes.
Jalap.
Ipécacuanha.
Iris de Florence.
Méchoacan.
Meum athamantique.
Nard celtique.
Nard indien, ou spica-nard.
Paréira brava.
Peucédane, ou queue-de-pourceau.
Polypode de chêne.
Pyrèthe, ou racine salivaire.
Quassi (1).
Quintefeuille, ou pentaphyl-lon (2).
Rapontic.
Rapontic des montagnes.
Réglisse.
Rhubarbe.
Rhode.
Saint-Charles.

(1) C'est dans l'écorce que résident ses propriétés.
(2) C'est aussi de l'écorce dont on fait usage.

Racines médicinales.

DÉNOMINATION.
{
Thimélée.
Salsepareille.
Satyrion.
Serpentaire.
Serpentaire de Virginie.
Souchet { long.
        rond.
Squine.
Tormentille.
Tue-chien, ou colchique.
Turbith.
Zédoaire.

V.ᵉ TABLEAU.

Racines propres à la Teinture.

OBSERVATIONS.

L'ART du teinturier est devenu très important depuis que la chimie a fait connoître la nature du principe colorant que fournissent les végétaux et les animaux. Nous aurons occasion de faire connoître que les végétaux contiennent ce principe teignant non seulement dans plusieurs racines, mais encore dans les feuilles, dans les fleurs et dans les fruits. On nous saura gré peut-être un jour d'avoir rassemblé sous forme de tableaux synoptiques les diverses parties des végétaux qui sont utiles à l'art de la teinture. Nous commençons par les racines.

Racines à Teinture.

DÉNOMINATION
{
Arménie, ou ronas.
Garance, ou *rubia tinctorum.*
Masquapenne.
Orcanète.
Rhubarbe.
Terra merita, ou curcuma.
Tormentille. *Tormentilla erecta silv.*
}

VI TABLEAU.

Racines propres à la Parfumerie.

OBSERVATIONS.

Les hommes ont su tirer parti des productions végétales, en les appliquant aux divers
usages auxquels elles paroissoient devoir convenir par préférence. Les arts de première nécessité ont été les premiers objets de leurs recherches et de leurs occupations. Leurs besoins
les plus pressants étant satisfaits, ils ont porté
leur attention sur les objets d'agrément, et
insensiblement sur ceux de luxe.

La parfumerie est un art d'agrément dont
l'origine est due aux Orientaux : cet art s'est
beaucoup étendu et a été perfectionné avec le
temps par des hommes dont la main, qui formoit des mélanges, étoit dirigée par le savoir et
l'expérience. Les végétaux et les animaux ont
été mis à contribution, et la chimie des arts
s'est emparée des corps odorants, de quelque
nature qu'ils fussent, pour flatter notre odorat
de toutes les manières possibles.

Les racines ne sont pas riches en espèces
odorantes, et celles d'entre elles qui répandent
quelques parfums n'offrent pas ceux qui sont
les plus suaves et les plus recherchés. Cependant elles offrent leur tribut à l'art du parfumeur, et nous ne devons pas négliger d'en signaler quelques unes.

Racines propres à la Parfumerie.

DÉNOMINATION.
{
Ache.
Acorus vrai.
Angélique de Bohême.
Calamus aromaticus.
Dictame blanc, ou fraxinelle.
Fenouil.
Gingembre.
Iris de Florence.
Persil.
Rhode, etc.
}

VIIe TABLEAU.

Racines boiseuses à l'usage du Tour et de la Menuiserie.

OBSERVATIONS.

LA nature, magnifique dans ses produits, n'est pas moins libérale dans les dons qu'elle nous offre. Mais ne sortons pas du cercle des racines, au milieu duquel nous nous sommes placé, que nous n'ayons fait connoître tous les côtés par lesquels elles peuvent être utiles. J'oserai le dire, on a trop long-temps négligé l'examen physique de cette première partie des végétaux. Les racines des plantes vivaces, c'est-à-dire de celles qui résistent à plusieurs saisons, deviennent, avec le temps, les dépositaires des principes immédiats les plus perfectionnés des plantes qu'elles ont élevées au-dessus de la terre. La plupart nous fournissent des gommes, des gommes-résines, des résines, quelques unes du camphre, à l'aide des incisions que l'on fait au-dessous de leurs collets,

C'est dans les racinés que s'élaborent les sucs propres des végétaux, les fécules, etc.

Les racines boiseuses et veinées sont propres aux arts du tour. Celles dont la texture est moins serrée sont propres pour le chauffage. Nous les comprendrons dans la série des bois de chauffage.

Racines boiseuses à l'usage du Tour et de la Menuiserie.

DÉNOMINATION. { Buis,
Noyer,
Rhode, etc.

DES TIGES DES VÉGÉTAUX.

Les tiges des végétaux sont les supports immédiats des feuilles, des fleurs et des fruits; elles s'élèvent du collet de la racine, et elles prennent au-dessus de la terre ou de l'eau dans laquelle leurs racines sont implantées, la direction qui leur est propre relativement à l'horizon. Tantôt cette direction est perpendiculaire, tantôt elle est inclinée, quelquefois elle est horizontale; d'autres fois elles sont couchées ou traînantes sur la terre même; et ces dernières portent le nom de *pétioles*, et non celui de tiges.

Le premier examen des tiges des plantes se

rapporte à leur texture ; le second , qui tient à
la physique végétale , se rapporte aux fonctions
qu'elles remplissent à l'égard des autres parties
des végétaux.

Les tiges , considérées relativement à leur
texture , sont tendres ou molles, ligneuses et
solides. Ces différences ont donné lieu à la distinction des plantes , en plantes à tiges molles
ou herbacées (celles - ci sont annuelles) ; en
plantes à tiges solides (celles-ci comprennent
les arbrisseaux , les arbustes et les arbres).

La considération des tiges , comme partie
organique, est du plus grand intérêt pour le
naturaliste observateur, pour le botaniste et
pour le physicien chimiste. Quelle que soit la
mollesse , la flexibilité ou la solidité des végétaux, leurs fonctions , le nombre des parties·
qui les composent, sont les mêmes ; elles sont
pourvues de vaisseaux séveux, de vaisseaux
propres, de vaisseaux aériens, de vaisseaux
sécrétoires et de vaisseaux excrétoires. Elles
sont composées d'écorces, d'une substance pulpeuse ou ligneuse, et d'une matière médullaire.
Il n'est aucun de ces vaisseaux, aucune de ces
parties qui ne remplisse des fonctions organiques, dont le concours simultané ne tourne au
profit de l'acte de la végétation. Le naturaliste

aperçoit dans cet ensemble d'organes les causes
physiques de la vie végétale, de leurs productions partielles successives, celles de leur durée,
de leur élévation au milieu de leur horizon : le
botaniste y rencontre les motifs qui determi-
nent les deux grandes divisions méthodiques
et classiques : le physicien chimiste y découvre
la source des principes immédiats que l'on
peut en recueillir, soit naturellement, soit par
l'analyse.

C'est principalement dans les tiges solides
que l'on peut apercevoir toutes les parties distinctes de leur organisme. Si l'on scie en travers une tige solide, on remarque la disposition
de leurs vaisseaux capillaires, dont les uns s'é-
lèvent longitudinalement et se rangent en forme
de cercles parfaits; et les autres qui vont de la
circonférence au centre, et qui se croisent mu-
tuellement comme les lignes de longitude et de
latitude sur un globe, ou les fils de chaîne et
ceux de trame des tisserands qui ourdissent
leurs toiles. Mais ce n'est pas un cours général
d'histoire naturelle que je me suis proposé de
faire, c'est un mémoire de simple description,
sous le rapport de l'utilité des corps de la nature. Contentons-nous de distinguer les tiges
en herbacées et solides. Les premières ne sont

utiles que par leurs sommités accompagnées
de feuilles, et il en sera fait mention en traitant des feuilles des végétaux; les secondes
perdent le nom de *tiges* pour prendre celui de
bois, lorqu'elles sont séparées de la terre. C'est
donc sous le nom de bois que l'on doit s'atten-
dre à les voir occuper une place dans la série
des productions végétales. Mais une tige est
composée de plusieurs parties; sa surface est
couverte d'une écorce qui s'offre la première à
nos yeux, et le système méthodique que nous
avons adopté jusqu'ici, et que nous nous proposons de suivre à l'égard de tous les corps
naturels dont nous devons décrire l'utilité, nous
invite à faire précéder l'historique des écorces,
et de placer les bois avant la substance médullaire qui occupe le centre des tiges.

DES ÉCORCES D'ARBRES.

Les écorces sont les parties extérieures qui
recouvrent immédiatement les tiges des végétaux : elles sont à ceux-ci ce que l'organe cutané
est aux animaux; elles remplissent des fonctions
extrêmement importantes à la vie végétale. Non
seulement elles protègent les végétaux contre
l'attaque des agents extérieurs, mais elles leur
transmettent l'aliment qui doit les nourrir, et

elles perfectionnent les sucs propres qui doivent leur appartenir.

Il n'est pas indifférent de connoître le nombre de parties qui constituent les écorces d'arbres, les fonctions qu'elles exercent, les principes qu'elles recèlent, pour bien apprécier les divers services qu'elles peuvent offrir.

On distingue trois parties dans les écorces, savoir: 1.° l'épiderme qui est une membrane formée de fibres qui se croisent en différents sens : son tissu ressemble à un réseau dont les mailles sont extrêmement fines et rapprochées, et cette surpeau sert à recevoir les premières impressions des corps externes, à les modifier, à les préparer de manière que l'organe cellulaire puisse les recevoir paisiblement ; enfin, elle sert comme de tamis que traversent les produits excrétoires, et elle protège l'extrémité des ramifications des vaisseaux aériens qui reçoivent de l'atmosphère, par intus-susception, les fluides nécessaires à l'accroissement du végétal.

2° Le tissu cellulaire où couche corticale. Ce tissu est formé par des vésicules et des utricules si nombreux et tellement rapprochés, qu'il n'en résulte qu'une couche. C'est dans ce corps glanduleux que s'opère la décomposition de l'air et de l'eau, dont les principes se com-

binent au profit du végétal ; c'est dans cet organe que se développe la partie colorante ; la
lumière pénètre l'épiderme, et contribue à en
aviver la couleur ; c'est là que se forment les
gommes, les résines, les baumes, les huiles
odorantes, etc. C'est enfin de là que se portent
au-dehors ces mêmes produits, qui deviennent
alors excrétoires.

3° Le liber, écorce mince comme du papier,
d'où elle a reçu son nom. Cette écorce est formée de lames, qui ne sont elles-mêmes que la
réunion des vaisseaux communs, propres et
aériens de la plante. Cette troisième écorce est
destinée à se convertir en aubier.

C'est dans les écorces que s'exécutent les
fonctions les plus importantes de la vie végétale : un arbre peut conserver son principe de
vie par la seule existence de son écorce, tandis
qu'une tige dépouillée complètement de son
écorce, périt peu de temps après.

Il n'est point d'arbres dont la seconde écorce
ne puisse être utile, soit à la médecine, soit
aux arts ; et il reste encore beaucoup de recherches et d'expériences à faire pour connoître
tous les avantages que l'on pourroit retirer de
ce genre de productions. Mais en établissant
des divisions relatives à leurs divers points
dutilité, nous pensons que nous aurons prévu

les genres de services que les écorces de plantes ou d'arbres peuvent nous rendre. Nous les distinguons en quatre classes, savoir : les écorces médicinales, filamenteuses, propres à faire cordages, et propres aux arts.

VIIIe TABLEAU.

Écorces médicinales.

OBSERVATIONS.

LES écorces médicinales sont celles dont le principal usage se rapporte à l'art de guérir. C'est particulièrement de la seconde écorce, que nous avons distinguée sous le nom de *couche corticale*, dont on fait usage.

Les écorces sont ou inodores, ou odorantes, récentes ou sèches, indigènes ou exotiques. Nous n'hésitons pas d'assurer que les écorces sèches sont celles qui ont le plus de propriétés médicinales. Nous établissons deux divisions. La première comprend les écorces inodores ; la seconde comprend les écorces odorantes. On conçoit que ces dernières ont des propriétés plus étendues, et qu'elles peuvent être employées utilement dans les cuisines, dans les arts du distillateur et du parfumeur.

Écorces médicinales inodores.

DÉNOMINATION.
- Autour.
- Caprier.
- Frêne.
- Gayac.
- Genévrier.
- Orme pyramidal.
- Pérou, ou quinquina gris.
- Peuplier blanc.
- Sureau.
- Simarouba.
- Tamarisc.
- Quinquina
  - blanc.
  - jaune.
  - orangé.
  - piton.
  - rouge.

Écorce médicinales odorantes.

DÉNOMINATION.
- Canelle.
- Canelle blanche, ou du bois de campêche.
- Canelle géroflée, capelet, ou bois de crâbe.
- Cascarille, ou chacrille.
- Cassia lignea.
- Caryocostin.
- Sanspareille.
- Winter, ou costus amer.
- Koddagapalla, ou écorce du Malabar.
- Narcaphte, ou thymiama, ou écorce des Juifs.

IXᵉ TABLEAU.

Écorces filamenteuses.

OBSERVATIONS.

Nous donnons le nom d'écorces filamenteuses à celles qui sont formées de fibres allongées, destinées à être rouies, séchées, tillées, échanvrées, sérancées, filées, et servir ensuite à coudre, à faire de la dentelle, à broder, à ourdir des toiles. Ces écorces sont d'une utilité majeure, comme pouvant servir à l'habillement, à l'ameublement, à faire du linge, à fabriquer les fils, ficelles, les cordes, les cordages de navires, les cables, le papier, etc.

Les apprêts que l'on fait subir aux écorces filamenteuses sont :

1° Le rouissage, opération par laquelle on plonge dans l'eau les tiges mêmes des plantes, afin d'enlever à leurs écorces l'extractif qui recouvre et tient leurs filaments agglutinés (1).

_____

(1) M. Brale d'Amiens a publié un procédé pour le rouissage, que l'on ne peut trop faire connoître. Il élève l'eau à une température de soixante-douze à

2° La dessication, pour rendre les tiges ligneuses, cassantes, et en séparer l'écorce rouie, par le tillage.

3° On bat sous la maque ; tantôt la tige entière, pour en séparer la partie ligneuse et mettre à part la filasse, tantôt la filasse elle-même, pour la disposer au sérançage.

4° L'échanvrage, premier apprêt de l'étoupe, qui est alors plus ou moins fine.

Il reste après ces divers apprêts, du courton, dont on fait de gros fils, des toiles à torchons, des toiles à tenture de papiers, à serpillière ; et enfin la filasse ou étoupe grossière, dont on calfate les vaisseaux.

Écorces filamenteuses.

DÉNOMINATION. {
Abanca.
Chanvre.
Ortie grande.
Lin.
}

---

soixante-quinze degrés ; il y délaie du savon vert, une partie sur quarante-huit en poids du chanvre : l'eau s'y rencontre dans les proportions de quatorze sur une de chanvre. On plonge le chanvre dans cette eau ; on ferme le vase ; on cesse le feu. Deux heures d'immersion suffisent pour que le chanvre soit roui.

Xᵉ TABLEAU.

Écorces propres à faire cordages.

OBSERVATIONS.

CES écorces présentent une division parmi celles qui sont filamenteuses, quoique étant propres à des usages presque analogues.

La différence que l'on remarque dans les écorces de ce second genre se rapporte : 1º à l'espèce de végétaux qui les fournissent, lesquels sont du genre des arbres. 2º A la texture des filaments que fournissent ces écorces, laquelle donne des brins qui n'ont jamais la finesse de ceux des écorces précédentes. 3º A la ténacité de partie qui est moindre, en sorte qu'un brin de ces écorces comparé à un filament employé à volume égal d'un brin de chanvre ou de lin, ne pourra soutenir un poids sans se rompre, que comme un à dix-huit.

Le principal usage de ces écorces est pour les cordes à puits : on en fait aussi des câbles.

On fait rouir ces écorces pour les rendre plus souples et moins sujettes à se rompre. On

distingue entre elles l'écorce du bouleau, qui
est presque incorruptible ; celle du mûrier, qui
fait d'excellentes cordes à puits ou à grenier.
L'écorce d'osier sert de liens aux jardiniers.

Écorces propres à faire Cordages.

DÉNOMINATION. { Bouleau.
Mûrier.
Tilleul.
Osier.

XIᵉ TABLEAU.

Écorces propres aux Arts.

OBSERVATIONS.

LES arts du tanneur, du teinturier, du bouchonnier, sont alimentés par des écorces d'arbres, qui méritent d'être connus particulièrement.

L'écorce du jeune chêne, celle de l'aune ou
verne, du simarouba, contiennent le principe
tannin (1), lequel joue un grand rôle dans l'art

---

(1) Voyez tannin, pour plus ample détail.

de tanner les peaux des animaux, et dans la médecine.

Les écorces du chêne, du frêne, contiennent du tanin et de l'acide gallique. Le premier est très employé dans la teinture en noir ; le second a été reconnu propre pour guérir la fièvre nerveuse.

L'écorce du liège ou *suber* est employée en médecine comme astringent ; son usage le plus étendu se rapporte à l'art du bouchonnier. On en fait des bouchons, des scaphandres, des gilets pour marcher dans l'eau, des semelles de souliers. Les fabricans de couleurs en préparent le noir, dit *d'Espagne*, à l'usage de la peinture.

Nota. On prépare avec la troisième écorce des arbres, du papier de toutes sortes de qualités. Celle du *daphne lagetto*, bois de dentelle, sert aux dames de Manille à faire des garnitures de voiles.

Écorces propres aux Arts.

DÉNOMINATION.
{
Chêneau, ou jeune chêne.
Aune, ou verne.
Simarouba.
Chêne.
Frêne.
Liège.
Bois de dentelle.
}

DES BOIS.

En terme de forêts, la tige d'un arbre porte le nom d'*étant* ou *tronc*, tant que l'arbre est en terre ou vivace, et celui de *bois*, lorsque l'arbre est arraché de terre, séparé de ses racines et de ses branchages.

Le premier état du bois est celui où il est encore couvert de son écorce, et il porte dans le commerce le nom de bois en *grume* ou en *gourme*.

Le second état du bois, est celui qu'on a équarri, en lui enlevant son écorce et ses flaches (1); alors il prend le nom de bois *débité* ou en *équarrissage*.

La qualité des bois est estimée à raison de leur pesanteur spécifique, de leur tissu plus ou moins serré, de leur solidité, de leur dureté relative, de leurs veines et de leur couleur.

Un bois léger, blanc, dont la texture est lâche, poreuse, contient plus d'extractif gommeux que résineux; il offre peu de solidité, peu d'adhérence dans son agrégation moléculaire, et il est très sujet au putrilage.

---

(1) Les flaches sont les quatre parties arrondies d'un arbre que l'on enlève avec la hache ou la scie. C'est la partie que l'on nomme *aubier*.

Les bois qui sont pesants, d'une texture
très serrée, veineux, qui sont colorés, susceptibles de poli, sont d'un service très important
dans les arts, et plus ou moins propres à la
médecine.

Les bois dont les veines sont contournées en
différents sens, tels que le noyer, le chêne,
sont susceptibles de contraction et de dilatation, selon que l'air est plus sec ou plus humide; ils font entendre, dans le temps de sécheresse, le bruit du craquement.

L'expérience a appris que la ténacité des parties des bois propres à résister à de grands efforts ou à une grande puissance pondérique,
n'étoit pas en raison directe du rapprochement
de leurs molécules organiques et de leur dureté:
on a remarqué au contraire que les bois les plus
durs et dont le tissu étoit le plus serré, étoient
plus cassants et résistoient moins à l'action du
frottement, du tirage et de la charge. On
peut poser en principe général que les bois
plus résineux que gommeux sónt les moins cor-
ruptibles dans l'eau, qu'ils sont susceptibles
d'un plus vif poli, qu'ils conviennent parfaitement au placage, à la marqueterie, mais qu'ils
sont moins propres aux constructions ou aux
machines à frottemens, que les bois dont les

molécules organiques sont composées de principes résineux et d'extractif dans des proportions à peu près égales entre elles. On peut
ajouter à cette considération celle de la disposition des fibres végétales qui se croisent,
qui sont contournées en sens plus ou moins ir-
réguliers. L'adhérence est d'autant plus forte
entre les molécules ligneuses, qu'il y a plus d'ir-
régularité dans leur contexture. C'est ainsi, par
exemple, que les loupes d'érable, de frêne,
de noyer, ont plus de solidité dans leurs parties organiques, que n'en offrent les mêmes
bois dans leur organisation naturelle.

Les bois diffèrent entre eux par leurs degrés
de combustibilité : les bois blancs sont plus
facilement combustibles que les résineux, parcequ'ils ont une texture moins serrée; ils ont
moins de capacité pour retenir le calorique.

L'art est parvenu à rendre les bois difficilement combustibles, pour ne pas dire incom-
bustibles. De même on garantit les bois du
putrilage, dans l'air ou dans l'eau, en conver-
tissant leurs surfaces en charbon par un commencement de combustion.

Pour parvenir à sécher promptement les bois
et à les rendre d'un service plus avantageux,
on les expose à la vapeur de l'eau bouillante,

dégagée avec force, afin que cette vapeur puisse
pénétrer à travers leur tissu, attaquer le corps
muqueux, le dissoudre ; alors la dessiccation
rapide par la chaleur de l'étuve, rapproche
les molécules, et les bois ainsi séchés résistent à
toutes les attaques de l'air humide et à la durée
du temps.

Le bois d'aune ou de verne, qui se pourrit
facilement à l'air, est incorruptible dans l'eau.
Ce bois est léger, son tissu est fin, serré, et
cependant il cède facilement à l'instrument. Il
paroît que ce bois plongé dans l'eau s'y conserve à la faveur de la décomposition de ce
fluide, qui le maintient dans un état vivace.

L'art est parvenu à imiter les bois de couleur
destinés au placage. Le bois de poirier et celui
de Sainte-Lucie sont ceux que l'on emploie par
préférence pour ce genre d'imitation.

Si nous examinons les bois à raison de leur
odeur, de leur couleur, des principes qui les
constituent, de leur pesanteur spécifique, de
leur solidité ou de leur porosité, des divers
usages auxquels ils sont propres, auxquels ils
sont généralement destinés, nous voyons que
les services qu'ils offrent aux hommes sont très
étendus : nous les voyons tributaires des arts
libéraux, mécaniques et domestiques.

Les bois sont soumis à nombre de modifications qu'il seroit difficile de signaler. Les char-
pentiers en font des bois d'équarrissage, tels
que poutres, poutrelles, solives et soliveaux·
Les scieurs de long en font des bois de refend,
tels que madriers, planches, bois merrain pour
la construction des cuves, cuviers, tonneaux,
bois de treillage, lattes, cerceaux.

Les bois sont employés dans les constructions d'architecture civile, marine, dans les
ouvrages hydrauliques. Les menuisiers en bâtiments, en meubles, les layetiers façonnent
les bois, chacun dans son art; l'ébéniste fait,
avec les bois les plus recherchés, ces meubles
élégants qui font l'ornement de nos apparte-
ments. Les tourneurs en font des bois pour
meubles, des vases d'ornement; les luthiers
en font des instruments de musique; les tablettiers en font tous ces jolis ouvrages qui
réunissent la commodité à la délicatesse, et
dont toutes les classes de la société font usage.
Le sculpteur figure sur le bois, avec son ciseau,
les traits des hommes célèbres dont on se propose d'éterniser la mémoire. Il exécute mille et
mille dessins en relief, tant en petit qu'en
grand, qui font l'objet de notre admiration, et
l'ornement de nos meubles, de nos bijoux, et

celui de nos édifices. Le charron, le tonne-
lier, le boisselier, le treillageur, le couvreur
en bois, font usage du bois que chacun d'eux
façonne relativement à son art, et conformément à l'usage auquel chaque pièce est destinée.

L'art de guérir, celui de la teinture, celui
de la parfumerie, trouvent dans les diverses
espèces de bois des matières dont les propriétés
leur sont applicables.

Enfin, le dernier service que peuvent nous
rendre les bois, quelle que soit leur nature, fa-
çonnés ou non, c'est celui de brûler, d'alimenter
nos foyers domestiques, et celui de nos usines;
mais nous ferons remarquer à ce sujet qu'il
est des bois destinés plus particulièrement au
chauffage, que l'on comprend sous l'acception
de *bois à brûler.*

La description que nous venons de faire de
l'utilité du bois en général pourroit paroître
suffisante; mais elle ne rempliroit pas totalement le but que nous nous sommes proposé.
Nous divisons les bois en quatre sections, dont
chacune formera un tableau particulier; savoir:
les bois médicinaux, les bois à teinture, les
bois odorants et de marqueterie, et les bois à
brûler. Les observations que nous faisons, à

l'occasion de chaque série ou tableau , offriront
de nouvelles.instructions ; et on apercevra que
ces quatre divisions peuvent suffire pour comprendre tous les genres d'utilité.

XII⁰ TABLEAU.

Bois médicinaux.

OBSERVATIONS.

Les bois médicinaux sont ainsi nommés, parce
que leur principal usage est destiné à la médecine et aux opérations de pharmacie.

On distingue parmi ces bois ceux qui sont
inodores de ceux qui sont odorants. Ceux de
ces bois qui sont d'une texture solide ont besoin d'être râpés pour être employés en médecine; mais leur usage n'est pas limité à ce genre
d'utilité; ils sont aussi employés dans les ouvrages du tour, de la tabletterie: quelques uns
d'eux, qui semblent inodores, deviennent odorants par la combustion ; et font partie des parfums de fumigation.

Bois médicinaux.

DÉNOMINATION.

Bois d'Aloës.
— d'Aspalath.
— de Baume, *ou* du Baumier.
— De Calambac, *ou* Tambac
— des Indiens.
— Couleuvré.
— de Fer.
— de Gayac.
— Gentil, *ou* Sain-bois.
— de Gui-de-chêne.
— de Lentisque.
— de Genévrier, *ou* Genèvre.
— des Moluques, cathar-
tique, *ou* purgatif.
— Néphrétique, *ou* de Coult.
— d'Oxicèdre.
— de Palile.
— de Pavate, de Mangate,
ou de Crauganor.
— de Sassafras, *ou* de Canelle.
— Sudorifiques, (acception
générale).
— de Tamaris, *ou* Tama-
risc, etc.

XIIIe TABLEAU.

Bois de Teinture.

Observations.

Les bois de teinture occupent un rang distingué parmi les bois, à raison de l'importance des services qu'ils rendent aux arts.

Le principe colorant qu'ils retiennent dans leur tissu organique, et qu'ils cèdent à la puissance de l'art du teinturier, la solidité de leur texture, qui les rend susceptibles du poli, font de ces bois un genre de production infiniment recommandable. Les savants et les artistes ne verront pas sans intérêt des tableaux qui réuniront, dans des séries partielles toutes les productions végétales dont ils peuvent extraire le principe colorant, et l'appliquer à la teinture. L'ébéniste verra avec reconnoissance qu'on lui aura indiqué les bois de couleur qu'il peut travailler et transformer en meubles précieux et élégants.

Bois de Teinture.

DÉNOMINATION.
{
Bois de Brésil.
— de Campêche (1).
— de Copahu.
— épineux des Antilles.
— de Fustet, *ou* bois jaune Fustok.
— d'Inde, *ou* de Campêche, de la Jamaïque, *ou* Assouron.
— rouge, *ou* bois de sang.
— Brésillet, *ou* bois des Indes occidentales.
— de Sappan.
— de Lamon.
— du Japon.
— de Sainte-Marthe.
— des îles Antilles.

_____

(1) Ce bois est beaucoup employé dans toute l'Allemagne, en décoction, pour arrêter le catarrhe intestinal.

XIVᵉ TABLEAU.

Bois odorans de Placage et de Marqueterie.

OBSERVATIONS.

LES bois odorants ont été réputés, avec raison, comme très précieux, d'autant mieux qu'ils réunissent plusieurs propriétés et plusieurs usages.

Plusieurs de ces bois réunissent en effet l'odeur, la couleur, la solidité et la finesse du tissu qui les rend susceptibles du poli, en sorte qu'ils offrent simultanément des services à l'art de guérir, à celui du parfumeur, du distillateur, aux arts du tour, du placage, de la marqueterie, et tous ceux qui tiennent à l'ébénisterie et à l'art du luthier.

Nota. Il est quelques uns de ces bois qui ne sont pas odorants, mais qui doivent trouver place dans la même série, à raison de leur usage dans l'art du placage et de l'ébénisterie.

Bois odorans de Placage et de Marqueterie.

DÉNOMINATION.

Bois d'Acajou.
— d'Agra, *ou* de senteur.
— d'Anil, *ou* d'Anis.
— de Calambourg.
— de Cédra.
— de Cèdre.
— de Chandelle.
— de Citron.
— de Citronier.
— d'Ébène.
— d'Évilasse.
— de Gayac.
— de Grenadille.
— des lettres.
— de Mahoni, espèce d'Acajou.
— de Jasmin, *ou* de Citron.
— de Palixandre, *ou* violet.
— de Perdrix.
— de Rhode, *ou* de Rose, *ou* de Cypre, *ou* bois-marbré.
— de Rose de la Chine, *ou* Tsétan.
— de Sainte-Lucie, *ou* de Mahaleb.
— de Santal { blanc. citrin. rouge.
— de Calambouc, *ou* bois d'Aigle, *ou* bois de Tambac commun.

· X V.ᵉ T A B L E A U.

Bois à brûler.

OBSERVATIONS.

Les bois à brûler sont compris généralement sous le nom de *bois de chauffage.* On les distingue en gros et menus bois, en bois de fagotage, branchages et souches d'arbres.

Dans les chantiers de bois à brûler, on donne les noms de *fagots, cotrets,* aux faisceaux de branchages ou menu bois destinés à faire un feu prompt et clair. On nomme bois *flotté* celui qui a fait un assez long trajet dans l'eau : le bois dit *de gravier* est celui qui n'a fait qu'un cour trajet dans les rivières : le bois *pelard* est celui dont on a enlevé l'écorce pour en faire du tan : le bois désigné sous le nom de *bois neuf* est celui qui est pourvu de toute son écorce, et qui a été charrié sur terre et non dans l'eau.

Il est encore d'autres dénominations, telles que celle de bois *de compte,* qui est droit, rond, et de quatre à cinq pouces de diamètre, lequel se délivre au nombre de pièces, et le bois dit

de quartier, qui a été fendu de longueur en
plusieurs quartiers. Enfin, il est des bois tor-
tus, des bois rabougris qui sont contournés,
noueux, très bons à brûler, mais qui se pla-
cent dans les membrures, avec perte pour l'ac-
quereur.

On distingue encore le bois en vert et sec : il
ne doit être mis au feu qu'après avoir été ressué
pendant un an au moins, à l'air libre, et dans
une exposition au midi et au levant.

Les qualités du bois à brûler son relatives à
leur texture, à leurs principes, et à leur pesanteur spécifique : elles se rapportent encore à
l'âge des arbres, au temps qu'a employé la nature
pour élaborer leurs principes. L'époque avant
laquelle il ne devroit être permis de couper les
bois solides ou de meilleure qualité, est celle
qui signale les arbres parvenus à l'âge de trente
ans. C'est à cet âge que les arbres de ce genre
sont arrivés à leur maturité absolue; mais souvent, et toujours malheureusement, on les
coupe à quinze ans et au-dessous. On ne devroit
permettre également que l'usage des branches
d'arbres et non leurs troncs, pour faire le
charbon de bois.

Les bois qui sont revêtus de leurs écorces
sont les meilleurs à brûler; ils brûlent avec une

flamme moins élevée, mais ils ont plus de capacité pour le calorique. On les distingue en bois blancs ou légers, et en bois solides ou pesants. Ce que l'on nomme *bois mort*, est le bois séché sur pied; ce bois est le patrimoine des pauvres, il leur est concédé par les propriétaires des forêts. Le *mort bois* est un bois de peu de valeur pour les ouvrages.

Les mêmes bois qui servent à brûler sont ceux que l'on emploie pour les constructions, tant pour les batiments de terre que pour ceux de mer, et pour les ouvrages de menuiserie, pour ceux du tour, pour le charronage, et pour être débités en perches, en planches, etc. Mais avec cette considération, que l'on choisit pour les ouvrages importants ceux qui sont d'une belle venue, et arrivés à la grosseur et à la hauteur qui leur est assignée par la nature.

Les divisions que nous établissons à l'égard des bois à brûler, doivent être adoptées pour exprimer leur moindre ou leur plus de valeur, relativement à leur emploi dans les arts. Ainsi, la série des bois blancs est celle des bois de qualité inférieure : la série des bois solides ou pesants nous présente les bois les plus estimés.

Bois blancs ou légers.

DÉNOMINATION.
{
Bois d'Abricotier.
— de Buis.
— de Cerisier.
— de Châtaignier.
— de Coudrier.
— de Genet.
— de Marronnier.
— de Mûrier.
— de Pêcher.
— de Peuplier.
— de Poirier.
— de Saule.
— de Sureau.
— de Tilleul.
}

Bois solides ou pesants.

DÉNOMINATION.
{
Bois de Charme.
— de Chêne.
— de Cormier.
— de Cyprès.
— de Frêne.
— de Hêtre, *ou* Fouteau.
— d'If.
— de Noyer.
— d'Orme.
— de Pin.
— de Sapin.
}

Branchages et Souches.

DÉNOMINATION. { Branchages d'arbres.
Souches, *ou* racines d'arbres.

Nota. 1° Le bois de chêne sert à faire le bois merrain pour les tonneliers, le bois de refend pour les treillages, les lattes pour les couvertures des maisons, les plafonds; le bois d'orme pour le charonnage, le bois de coudrier pour les cerceaux, le bois d'aune pour le boisselage, etc.

2° Les branchages de saule et d'osier servent à faire des liens pour les cercles et cerceaux des grandes et petites futailles.

3° Les branchages du genet et du bouleau servent à faire des balais.

XVIe TABLEAU.

Moëlles d'arbres.

OBSERVATIONS.

LES plantes, quelle que soit leur texture, soit molle, soit solide, contiennent dans leur centre un organe essentiel, qui n'est bien connu que depuis quelques années, d'après une très belle expérience qui a été répétée avec succès, laquelle a démontré que c'étoit à la moëlle que l'organe de la fructification devoit les principes propres à la reproduction de l'espèce.

La moëlle des plantes ou arbres est molle ou spongieuse dans les jeunes sujets végétaux : elle demeure constamment molle dans quelques uns; mais elle se durcit et se confond avec le bois, dans le plus grand nombre des arbres, à mesure qu'ils avancent en âge.

Nous ne connoissons encore que la moëlle du sureau et celle du sagou dont on fasse usage. La première sert à faire des mèches pyrotechniques : la seconde est d'un très grand usage, principalement dans toute l'Allemagne, où on la sert sur les tables en potage au gras, au lait, en gâteaux, en entremets avec du vin, du sucre, en crèmes, etc.

DÉNOMINATION. { Moëlle de Sagou.
  — de Sureau.

XVII⁰ TABLEAU.

Des Bourgeons.

LES bourgeons sont les premiers rudiments des feuilles : ils partent immédiatement de la seconde écorce ou couche corticale des arbres ou des branches d'arbres. C'est un prolongement de cette seconde écorce elle-même, lequel contient en petit les principes propres des végétaux auxquels il appartient.

L'examen des bourgeons est curieux et attire l'admiration du naturaliste qui remarque la prévoyance de la nature en leur faveur, lors de ce premier signe qu'elle donne de son réveil. En effet, ces bourgeons sont protégés contre les attaques des agents extérieurs par un extractif collant, insoluble dans l'eau, lequel est d'abord très abondant, et qui s'étend à mesure que la feuille se développe pour prendre le caractère qui doit lui appartenir.

Le physicien chimiste reconnoît dans les bourgeons des propriétés corrélatives entre les in-

dividus du même genre, et s'étonne que l'on
n'en ait pas plus étendu l'usage. En effet, nous
ne connoissons encore que les bourgeons ou
gemmes du peuplier noir et du sapin, dont on
fait usage en médecine. Nous pensons cependant que, sans crainte de se tromper, on pourroit attribuer aux bourgeons les propriétés médicinales qui appartiennent à la seconde écorce
des arbres sur lesquels ils naissent.

DÉNOMINATION. { Bourgeons de Peuplier noir.
———, de Sapin (1).

DES FEUILLES DES PLANTES.

Les feuilles des plantes renferment un des
organes des plus essentiels des végétaux : elles
sont composées de trois parties bien distinctes,
savoir : d'une membrane de nature extractive,
de fibres vésiculaires, et d'un parenchyme qui
recèle plus ou moins de suc propre, connu
généralement sous le nom d'*eau de végétation*.

Les parties organiques des feuilles sont les

_____

(1) Il est digne de remarque que les premiers bourgeons du
sapin naissent dans les premiers jours du printemps; et les seconds
dans les premiers jours de l'automne.

vaisseaux aériens, dont les uns sont inhalants, et les autres exhalants, lesquels remplissent les fonctions de la respiration et de l'expiration.

Dans les plantes à tiges molles ou herbacées on distingue les feuilles radicales, c'est-à-dire celles qui s'élèvent immédiatement de la racine. Ces feuilles sont les premiers réservoirs des sucs destinés à fournir l'aliment nécessaire à l'élévation de la tige, et aux feuilles qui doivent leur succéder. L'acte de la végétation, dans l'ordre habituel qui place les feuilles avant les fleurs et les fruits, est vraiment un prodige de la création. Les feuilles transmettent aux organes de la floraison un suc propre déjà perfectionné, et les pétales des fleurs fournissent à leur tour les principes qui conviennent à la fructification. La tige naissante de l'asperge est une espèce de hampe qui remplit, à l'égard des autres parties de la plante, les fonctions des feuilles radicales.

Dans les plantes à tiges solides, les feuilles partent de la seconde écorce ou couche corticale; elles se présentent sous l'état de bourgeons avant d'arriver à celui de feuilles; mais celles-ci reçoivent immédiatement des principes déjà élaborés.

Les feuilles sont ou sessiles ou pétiolées. Les

premières sont assises sur la tige , et celles - ci
sont plus généralement persistantes : les se-
condés sont précédées d'un prolongement plus
ou moinslong , et on peut affirmer que les feuilles
pétiolées sont tombantes d'autant plus promptement, que leur pétiole est plus gros et plus
long, et qu'elles persistent au contraire plus
long-temps sur l'arbre, en raison inverse de la
longueur des pétioles. Cette observation en
fait naître une seconde non moins importante :
les feuilles pétiolées sont généralement plus am-
ples, plus charnues ou parenchymateuses ,et
contiennent beaucoup plus d'eau de végétation,
tandis que les feuilles sessiles sont plus sèches,
ont une saveur plus prononcée, et sont presque
généralement odorantes et aromatiques.

On doit distinguer les plantes à tiges molles
et les feuilles des plantes en général, par les
diverses époques de leur âge. Parmi les plantes
potagères, entre autres, il en est quelques unes
dont on fait usage lorsqu'elles sont à peine
naissantes ; d'autres , au contraire, qui ne sont
employées que lorsqu'elles sont arrivées à leur
maturité relative, d'autres enfin, lorsqu'on a
diminué leur saveur, en les privant du contact
de la lumière.

Les plantes destinées à l'usage de la médecine ne doivent être employées que lorsque les feuilles sont parvenues à leur maturité.

Les feuilles des plantes sont utiles, les unes lorsqu'elles sont fraîchement cueillies, les autres lorsqu'elles sont sèches. La différence de l'usage des feuilles est établie sur celle de leurs propriétés physiques, telles que leur saveur, leur odeur, et le principe colorant qu'elles recèlent. Les unes sont alimentaires, les autres sont médicinales, etc. Pour les comprendre toutes par leur utilité, nous pensons que le plus sûr moyen est de les classer conformément à leur usage : ainsi nous divisons les feuilles des plantes en cinq genres, savoir, les plantes

potagères,
médicinales,
à teinture,
de fourrage,
et à tan.

Nous n'ignorons pas qu'il est des plantes vénéneuses, même en assez grand nombre, parmi lesquelles nous pouvons citer les espèces de pavots, la pomme épineuse, l'aconit, la grande ciguë, la belle-dame, etc. Mais ces plantes deviennent, dans les mains du pharmacien, des médicaments, tant internes qu'externes, très propres à l'art de guérir.

XVIII.ᵉ TABLEAU.

Plantes potagères.

OBSERVATIONS.

DÉJÀ nous avons présenté la série des racines
à l'usage des tables, sous le nom de *racines
légumineuses :* nous rassemblons dans ce tableau les feuilles, les tiges tendres, et les calices
des plantes destinées au même usage.

Le lichen, connu sous le nom de *lichen d'Islande,* dont nous connoissions depuis long-
temps les propriétés, comme analogues à celle
des mucilages, et non de la gélatine des végétaux, et dont on fait un grand usage en médecine, en gelée et en sirop, vient d'être introduit comme aliment sur nos tables. Nous
le plaçons au rang des plantes potagères, bien
que nous sachions qu'il appartient à un genre
de plantes tout-à-fait particulier; mais il est le
seul parmi les lichens qui soit alimentaire, et
il n'est pas hors de place à côté des plantes potagères, du moins sous le rapport de l'usage
qu'on en fait; attendu qu'on le mange cuit en

salade et assaisonné au beurre. La bourrache,
qui est une plante médicinale, croît naturellement dans les jardins potagers. On en fait usage
sur les tables, après l'avoir coupée en languet-
tes, et assaisonnée au vinaigre.

Plantes potagères.

DÉNOMINATION.
{
Artichaut.
Asperges.
Bette, ou Poirée.
Bonne-dame, ou Arroche.
Brocolis.
Carde-poirée.
Cardon.
Céleri.
Chicon.
Chicorée — toutes les espèces.
Choux — toutes les espèces.
Choux-fleurs.
Endive, ou Scariole.
Épinards.
Laitues — toutes les espèces.
Lichen d'Islande.
Oseille.
Pourpier.
Cerfeuil.
Cresson.
Estragon.
Bourrache.
Persil.
Porreaux, etc. etc.
}

XIXᵉ TABLEAU.

Plantes ou Feuilles médicinales.

OBSERVATIONS.

La pharmacie, la chimie, la médecine, exercent leur puissance sur toutes les plantes que produit la nature. On peut avancer avec certitude qu'il n'en existe pas une qui n'offre quelque côté par lequel elle puisse être utile à une des trois branches de l'art de guérir.

Pour connoître : les propriétés médicinales de chacune d'elles en particulier, la manière de les employer, l'art d'en faire l'application convenable à la médecine, il faut consulter les Dictionnaires des plantes, les Traités de matière médicale, qui en font la description *ex professo* ; nous ne pouvons nous permettre ici que des indications générales. C'est ainsi que les plantes dont la saveur est peu sensible, et qui contiennent beaucoup d'eau de végétation, sont employées comme tempérantes : celles qui sont d'une texture plus épaisse, d'une nature visqueuse, sont émollientes ou apéritives : les

plantes odorantes et aromatiques sont balsamiques, stimulantes ou excitantes, etc. Mais
pour ne pas nous éloigner du mode que nous
avons adopté, nous citerons par préférence
les feuilles des plantes qui font partie du commerce de la droguerie, sous l'état sec.

Plantes ou Feuilles médicinales.

DÉNOMINATION.

- Acioca.
- Alypum montis Ceti.
- Apalachine, ou Cassine.
- Botrys.
- Camphrée.
- Capillaire.
- Dictame de Crète.
- Dictame faux.
- Feuilles de Bétel.
- Feuille indienne.
- — du Cannellier.
- — d'Oranger.
- Marum de Cortusus.
- Séné.
- Tabac.
- Thé — ses espèces.

XX.ᵉ TABLEAU.

Feuilles à Teinture.

OBSERVATIONS.

LE nombre des plantes ou des feuilles des plantes qui peuvent être employées dans l'art de la teinture est très considérable : on peut consulter l'excellent ouvrage de *Dambournay*, lequel présente une nombreuse série de plantes dont il a su extraire le principe teignant. Ce n'est pas ici la place d'exprimer si toutes les feuilles des plantes désignées dans l'ouvrage de cet auteur sont propres à la teinture du petit ou du bon teint, il nous suffit de savoir qu'elles sont utiles à cet art. Nous nous contenterons d'en citer quelques unes des plus employées par les teinturiers.

DÉNOMINATION.
{
Feuilles de l'Anil, ou Indigo.
—— de Gaude.
·—— de Guède, ou Isatis.
—— de Tariri de la Guiane.
Genet des Teinturiers, ou Génestrolle.
Tournesol.
}

XXIe TABLEAU.

Plantes de Fourrage.

OBSERVATIONS.

IL y a beaucoup de choix dans les plantes destinées à la nourriture des chevaux et à celle des bestiaux. L'herbe qui croît dans les prairies offre l'ensemble de plusieurs plantes qui s'élèvent à différentes hauteurs, et dont la tige est plus ou moins tendre ou ligneuse ; d'où il résulte des qualités supérieures ou inférieures dans l'espèce de fourrage connue sous le nom de *foin*.

Les propriétaires des prairies suivent constamment et aveuglément la routine de leurs prédécesseurs dans la coupe du foin, en sorte que, si leur terrain n'est pas très avantageux pour ce genre de production, ils récoltent un foin de mauvaise qualité, tandis qu'ils pourroient le recueillir meilleur. On est dans l'usage de ne faucher les prairies qu'après le temps de la floraison complètement passé ; si, au contraire, on fauchoit l'herbe à l'instant de sa floraison commençante, le foin seroit dans sa

perfection , et auroit une odeur extrêmement
agréable : il conviendroit mieux à la nourriture des chevaux , et le propriétaire seroit dé-
dommagé de la perte qu'il supporteroit en re-
cueillant moins de la première coupe , par
celle des nouvelles pousses que l'on nomme
regain, et qu'il pourroit opérer jusqu'à trois
fois dans les années favorables. Les Anglois,
dont le terrain n'est pas très propre à la production du foin, nous donnent des leçons en
ce genre, dont nous devrions avoir le bon esprit de profiter.

Les seconde et troisième coupes, dites *re-*
gain, sont destinées à la nourriture des bestiaux.

Il est des années où la disette du foin oblige
d'avoir recours à l'usage d'autres feuilles de
plantes pour la nourriture des chevaux et pour
celle des bestiaux; telle est entre autres la luzerne dont on fait des prairies artificielles; telles
sont encore les feuilles de pommes de terre,
que l'on fait sécher, et celles de l'acacia robinier, dont on vante beaucoup la qualité pour
la nourriture des chevaux

Plantes de Fourrages.

DÉNOMINATION.
{
Sainfoin de Bourgogne.
Foin.
Luzerne.
Feuilles d'Acacia robinier.
——— de Pommes-de-terre.
Regain.
Paille (1).
}

Une prairie renferme un grand nombre de plantes, dont il importe de faire connoître les espèces qu'un propriétaire rural doit ensemencer par préférence. Nous distinguons particulièrement :

Le Fromental,	*Holcus avenaceus.*
La Fétuque élevée,	*Festuca elatior.*
Le Paturin à feuilles étroites, ou Graine d'oiseau,	*Poa angusti-folia.*
Le Paturin des prés,	*Poa pratensis.*
Le Poa commun, Paturin commun, ou Poherbe vulgaire,	*Poa trivialis.*
La Fétuque dure, ou Faugerole,	*Festuca duriuscula.*
L'Avoine jaunâtre,	*Avena flavescens.*
La Flouve odorante,	*Anthoxatum odoratum.*
L'Ivraie vivace, ou faux Froment,	*Lolium perenne.*
La Houque laineuse,	*Holcus lanatus.*
La Cretelle à crête, ou Cynosure cretelle, dont le chaume est employé à des petits ouvrages de paille.	*Cynosorus cristatus.*
L'Herbe tremblante, Brise moyenne, Brise tremblante, Amourette.	*Briza media gramen tremulum.*
La Queue du Renard des prés, ou Vulpin des prés.	*Alopecurus pratensis.*

---

(1) La paille sert encore à faire des paillasses de lit. Celle de seigle sert à faire des chaises empaillées de toutes sortes de couleurs.

XXII° TABLEAU.

Feuilles à Tan.

OBSERVATIONS.

LES écorces d'arbre ne sont pas les seules productions végétales qui aient la propriété de tanner les peaux des animaux, c'est-à-dire qui contiennent le principe tannin. Tous les corps qui réunissent ce principe avec l'acide gallique sont propres à concréter la gélatine animale, et à donner de la solidité aux cuirs ou peaux des animaux. Nous trouvons ces principes réunis dans quelques feuilles ; nous les rencontrons aussi dans quelques fleurs, et dans des produits excrétoires, tel que la galle de chêne.

On doit à M. *Gesner*, anglois, tanneur très instruit, une nouvelle espèce de tan qu'il nous a fait connoître, et dont MM. *Thomas Baukin* et *Holl-Waring*, aussi tanneurs anglois, ont confirmé la propriété par de nouveaux essais : cette nouvelle espèce de tan est la feuille sèche et pulvérisée de la bruyère *erica vulgaris*. Nous connoissions auparavant le rhédon, le sumac. Il résulte de cette observation, qu'il existe des feuilles de végétaux propres à tanner les cuirs.

Feuilles à Tan.

DÉNOMINATION.
{
Feuilles de Bruyère.
—— de Noyer.
—— de Raisin d'Ours.
—— de Rhédon.
—— de Sumac.
—— de Thé-bou.
}

DES FLEURS.

Les fleurs sont les parties des végétaux qui contiennent les organes propres à la fructification. Si je devois parler des fleurs comme naturaliste observateur, comme botaniste, et comme physicien, j'aurois tout à la fois à admirer la richesse, la variété, la beauté de leurs couleurs, de leurs formes; à vanter leurs parfums, à expliquer le magnifique et sublime phénomène de l'acte de la végétation qui les constitue l'organe le plus important pour remplir le vœu de la nature, dont la fin nécessaire, parmi tous les êtres organisés, est la reproduction des espèces. J'aurois à exprimer le nombre et la disposition des parties qui les constituent, les fonctions physiques que chacune d'elles remplit; et cette dernière partie de l'histoire des fleurs ne seroit pas la moins curieuse, la moins digne de l'attention du philosophe qui se plaît à honorer le créateur dans chaque objet de la création ; mais je dois me renfermer dans la description de l'utilité que les fleurs peuvent nous offrir, et je me contenterai de les faire connoître par leurs côtés les plus essentiels.

Les fleurs sont complètes ou incomplètes : elles sont complètes, lorsqu'elles sont pourvues de toutes leurs parties; et elles sont incomplètes, lorsqu'elles sont privées de quelques unes de leurs parties.

· Une fleur complète est composée d'un calice, d'une corolle, d'étamines, de pistils et de nectaires (1).

Le calice d'une fleur est le prolongement de la couche corticale du végétal lui-même ; la fleur est produite par les sucs propres qui émanent de la substance médullaire, et la corolle est produite par l'extension du liber.

Ce qui constitue une fleur proprement dite, c'est ou l'étamine ou le pistil, ou ces deux organes réunis. L'étamine est la partie mâle, le pistil est la partie femelle : les deux sexes réunis dans le même calice constituent les fleurs hermaphrodites.

---

(1) Le nectaire ne fait pas partie essentielle des fleurs; c'est un simple prolongement des pétales, lequel renferme un suc sucré en réserve, pour alimenter le fruit au besoin, et que les abeilles aspirent avec leurs trompes pour composer leur miel.

Chacune des parties qui composent une fleur
entière peut offrir quelques points d'utilité. Il
étoit donc indispensable de les signaler les unes
et les autres en particulier.

La corolle des fleurs est généralement la
partie qui contient le principe odorant et le
principe colorant; mais il est des corolles qui
sont parfaitement inodores; il en est quelques
unes qui sont d'une odeur désagréable, telles
sont entre autres quelques espèces de géra-
nium. On remarque que les fleurs des plantes
aromatiques sont pour la plupart peu odorantes : on remarque encore que l'arome des fleurs
est plus ou moins fugace, et que sa fugacité
dépend de ce qu'il y est peu accumulé, ou, ce
qui revient au même, de ce qu'il est délayé
dans une plus ou moins grande quantité d'eau
de végétation.

Le naturaliste et le botaniste considèrent les
fleurs chacun à sa manière. Le premier ne les
voit que par l'ensemble des parties qui les constituent, que par la forme, l'étendue, la couleur, l'odeur qui appartiennent à leurs corolles,
lesquelles sont monopétales ou polypétales, ré-
gulières ou irrégulières; ou bien il donne le nom
de *fleurs* aux parties sexuelles qui ne sont point
entourées de pétales ; telles sont les fleurs de la
famille des graminées, lesquelles sont apétales.

Le second (le botaniste) considère les fleurs
à raison de la présence ou de l'absence de la
corolle ; il les distingue par la forme et le nombre
de leurs pétales, par la nature de l'organe qui
les constitue fleurs mâles, ou femelles, ou hermaphrodites, soit sur le même individu, soit
sur deux individus différents : il les considère
encore par le nombre des étamines et celui des
pistils, par l'élévation des uns et des autres, leur
disposition les uns à l'égard des autres, par leur
calice, qui est ou tombant ou persistant, etc.

Le physicien chimiste, tout en rendant hommage aux savants qui ont soumis les végétaux
au système et à la méthode, afin d'en rendre
l'étude plus facile, et pour faire connoître les
moyens admirables dont se sert la nature pour
étendre à l'infini son propre système de création et de multiplication, cherche à découvrir
dans les fleurs les côtés par lesquels elles peuvent lui être utiles : son premier examen se
rapporte à l'analyse mécanique; il isole chaque
partie qui compose une fleur ; il rencontre
dans le calice de plusieurs fleurs des réservoirs d'huile volatile; il trouve à la base du
pistil et dans le nectaire qui l'avoisine un suc
sucré destiné à servir d'aliment au fœtus du
végétal, et dont l'abeille industrieuse sait tirer
parti pour former le miel dont elle se nourrit,

et dont nous autres hommes nous savons si
bien nous approprier l'usage. Le stigma du
pistil du *crocus sativus* (du safran) nous
offre un principe colorant propre à l'usage de
la teinture et de la médecine; le pollen ou la
poussière fécondante des étamines des fleurs
contient un principe inflammable, qui n'est
pas, comme on l'a dit autrefois, une matière
résineuse, mais qui est une matière extractive
particulière dont les abeilles préparent la cire
par une élaboration qui n'appartient qu'à elles.
Ce pollen sert à exciter une grande accumulation de lumière, en s'enflammant spontanément
par le contact avec l'alcohol allumé; c'est ainsi
que l'on emploie le pollen du *lycopodium* et
celui des roses sur les théâtres dans les ballets.
Enfin, la corolle ou les pétales des fleurs font
l'objet de l'attention des chimistes, lesquels, à
l'aide de l'analyse, savent en obtenir des essences, des huiles volatiles odorantes, un principe
colorant, quelquefois un principe astringent,
connu aujourd'hui sous les noms de *tannin* et
d'*acide gallique;* telles sont entre autres les
balaustes, les roses rouges, etc.

Il résulte de ces considérations générales sur
les fleurs, que ce genre de productions végétales peut être utile, tantôt partiellement, c'est-
à-dire, ou par le calice, ou par la corolle, ou

par les étamines et par les pistils ; tantôt encore, lorsque ces fleurs sont naissantes ou en
boutons, ou enfin lorsqu'elles sont arrivées à
leur maturité relative. ;

Les fleurs sont utiles à la médecine, à la parfumerie, à l'art de la teinture, à l'usage de nos
aliments, comme assaisonnement ou ornement.

Une considération importante à l'égard des
fleurs et que nous ne pouvons pas nous permettre de passer sous silence, c'est que les unes
s'emploient récentes, d'autres, au contraire,
après avoir été séchées. Cette différence dans
leur usage est établie sur la fugacité ou l'accumulation de leur principe odorant. On peut
poser en principe que toutes les fleurs qui contiennent beaucoup d'eau de végétation doivent
être employées récentes, et qu'elles perdroient
leur arome par la dessiccation; tandis que celles
qui sont d'une texture plus serrée acquièrent
une odeur plus intense par la dessiccation.

Nous divisons les fleurs en cinq sections ;
savoir :

Les fleurs à l'usage des cuisines,
à celui de la médecine,
à celui de la parfumerie,
à celui de la teinture,
et propres aux arts.

XXIIIe TABLEAU.

Fleurs à l'usage des Cuisines et de l'Office.

OBSERVATIONS.

TOUTES les productions de la nature sont sous la domination du génie et de l'industrie humaine. Le vinaigrier, le confiseur ont enrichi le service de nos tables, en soumettant les fleurs à l'empire de leur art. Le vinaigrier parvient à conserver les fleurs encore en bouton, par l'intermède du vinaigre; d'autres fois il charge le vinaigre de leurs principes odorants, pour donner à celui-ci une odeur et une saveur plus agréables. Le vinaigre, ainsi devenu odorant, devient un vinaigre de table où de toilette.

Le confiseur conserve certaines fleurs dans leur entier, par l'intermède du sucre, et en fait des mets d'office et de dessert. Il suffit de citer quelques fleurs pour justifier ces deux genres d'utilité.

Fleurs au Vinaigre.

DÉNOMINATION.
{
  Fl. de Capucine
  — de Genet
} en boutons.
  — de Rose
  — de Sureau
} vin.ᵉ {
  Rosat.
  Surard
}

Fleurs au Sucre.

DÉNOMINATION.
{
  Fleurs d'Oranger.
  —— de Seringat.
  —— de Tubéreuse.
}

XXIVᵉ TABLEAU.

Fleurs à l'usage de la Médecine.

OBSERVATIONS.

L'ART de guérir et celui de la pharmacie tirent un très grand parti des fleurs des végétaux.

On en fait en médecine des infusions théiformes. Les pharmaciens préparent avec les fleurs des eaux distillées essentielles, des alcohols odorants, des huiles volatiles, des huiles par l'intermède de l'huile de *ben*, et de l'huile d'olives fine ; des baumes odorants, des pommades, des sirops ; des conserves.

Le distillateur-liquoriste en prépare des ratafias , des huiles liquoreuses.

On conserve plusieurs fleurs, ou plutôt leurs
pétales, par la dessiccation. Quelques unes sont
désignées par leurs propriétés médicales , telles
que les fleurs cordiales, pectorales, rafraîchis-
santes, astringentes ; nous nous contenterons
de citer les plus employées.

Fleurs à l'usage de la Médecine.

DÉNOMINATION.
{
Fleurs d'Arnica.
— de Bleuet.
— de Bourrache.
— de Buglosse.
— de Caille-lait jaune.
— de Camomille romaine.
— de Cardonnette , ou
  Chardonnette.
— de Centaurée min.
— de Coquelicot, ou Pavot
  rouge.
— de Grenadier, ou Ba-
  laustes.
— de Guimauve.
— de Lavande.
— de Lis.
— de Mauve.
— de Mélilot.
— de Millepertuis.
— de Muguet.

Suite des Fleurs à l'usage de la Médecine.

DÉNOMINATION.	— de Nymphæa, ou Nénufar.
	— d'OEillets rouges.
	— d'Oranger.
	— d'Ortie blanche.
	— de Pied de chat.
	— de Pivoine.
	— de Roses pâles.
	— de Roses rouges.
	— de Stœchas.
	— de Sureau.
	— de Tussilage.
	— de Violettes, etc.

XXV.ᵉ TABLEAU.

Fleurs propres à la Parfumerie.

OBSERVATIONS.

LE parfum que répandent les fleurs nous attire près d'elles. Nos yeux, d'abord flattés, étonnés par la richesse, la beauté, la variété de leurs formes, de leurs couleurs, éprouvent en les voyant une jouissance qui devient déli-

cieuse par la double impression qu'elles excitent sur notre sensibilité, en affectant simultanément un second sens, celui de l'odorat, par
le charme de leur odeur. C'est aux fleurs que
l'art du parfumeur doit en partie son origine
et son nom ; c'est de la multitude des fleurs
suaves, odorantes, que le distillateur obtient le
plus grand nombre d'essences.

Les fleurs ne sont pas les seules productions
qui recèlent le principe odorant, mais c'est en
elles que l'on rencontre l'odeur la plus douce,
la plus suave, la plus fugace; il en est même
quelques unes dont l'arome a besoin d'être accumulé par l'intermède de tissus de laine imprégnés d'huile de ben, pour être transmis
à l'alcohol, et être transformé en essence alcoholique dont on fait usage dans les toilettes.

Fleurs propres à la Parfumerie.

DÉNOMINATION.
{
Fleurs d'Aube-épine.
— de Jacinthe.
— de Jasmin.
— de Jonquille.
— de Lis.
— d'Oranger.
— de Roses.
— de Seringat.
— de Tubéreuse.
}

XXVIe TABLEAU.

Fleurs à l'usage de la Teinture.

OBSERVATIONS.

LES peintres et les teinturiers profitent du principe colorant des fleurs pour en faire usage dans leur art respectif.

Si la nature nous fournit les matériaux nécessaires et importants pour satisfaire à nos besoins indispensables, à nos goûts, dans une infinité de circonstances, disons aussi que le génie de l'homme, que son industrie le rend souvent l'imitateur de la nature, et quelquefois aussi créateur. Les fleurs lui offrent des modèles de couleurs, dont les tons sont variés à l'infini. L'homme parvient à les imiter dans leurs formes et dans leurs nuances colorées, jusqu'à surprendre la vue la mieux exercée. Les fleurs recèlent une matière colorante que l'art parvient à extraire, à fixer, à modifier, à changer à son gré, et alors il devient créateur de la couleur qu'il a fait naître, et qu'il façonne comme il lui plaît. C'est ainsi qu'avec la fleur du glaïeul on prépare le vert d'Iris, que l'on peut convertir en rose; avec la violette, on prépare du pourpre de couleur amarante; avec le stigma du safran, on obtient une couleur jaune ou rouge; avec les pétales de la fleur du carthame, ou safranum, on prépare le rouge végétal.

Fleurs à l'usage de la Teinture.

DÉNOMINATION.
{
Fl. de Glaïeul.
— de Carthame, ou Safranum.
Stigma du Safran (*Crocus sativus*).
Fleurs de Violettes.
}

XXVIIe TABLEAU.

Fleurs propres aux Arts.

OBSERVATIONS.

ON s'étonne peut-être de trouver un tableau de fleurs sous la dénomination de *fleurs propres aux arts*. Mais il est des fleurs, ou des parties de fleurs, dont l'utilité principale semble s'éloigner de celle qui appartient aux fleurs

considérées dans leur acception générale. C'est
ainsi, par exemple, que les fleurs qui contiennent le principe anciennement connu sous le
nom de *principe astringent*, sont réconnues
pour être non seulement utiles à l'art de guérir,
mais pour être propres à précipiter en noir la
dissolution du sulfate du fer, et pour donner
de la consistance aux peaux des animaux, en
concrétant la gélatine animale par la réaction
du tannin dont elles sont pourvues simultanément avec l'acide gallique. Ces fleurs m'ont
semblé devoir être associées particulièrement.
Si je place le *lycopodium* au rang des fleurs
propres aux arts, c'est qu'il est en effet employé dans les arts physiques beaucoup plus
qu'en médecine; il fait d'ailleurs l'objet d'une
seconde division, et sa place, ainsi que celle des
poussières fécondantes des étamines, est indiquée dans la dissertation générale sur les fleurs.

Fleurs à Tan.

DÉNOMINATION.
{ Fleurs de Balaustes, ou du
Grenadier à fleurs
doubles.
— de Roses rouges.
— de Sumac.

Fleurs inflammables.

DÉNOMINATION.
{
Pollen du Lycopodium, ou
Mousse de terre, ou
Soufre végétal.
— des Roses rouges.
— De toutes les étamines
des fleurs.
}

DES FRUITS.

Les fruits sont les produits des végétaux qui renferment les organes propres à la reproduction de l'espèce.

Le naturaliste philosophe qui suit d'un œil attentif tous les progrès, toutes les phases de la végétation, remarque que la nature obéit à deux puissances, lesquelles concourent successivement à faire arriver les végétaux à la fin qu'elle s'est proposée à leur égard. Dans la première puissance, il aperçoit l'empire que la nature exerce sur chacun des produits des végétaux en particulier, jusqu'au moment où ceux-ci sont pourvus des organes destinés à satisfaire à son vœu, celui de multiplier les espèces. Dans la seconde puissance, il reconnoît la sagesse, la prévoyance de la nature, qui a su disposer l'aliment propre à nourrir le fœtus placé dans l'ovaire du pistil, et à le protéger contre

les attaques des agents extérieurs, en l'enfer-
mant dans un péricarpe qui lui convienne, pour
le faire arriver à sa maturité relative, et lui
faire acquérir la faculté reproductrice.

Avant de considérer les fruits sous le rapport
de leur utilité par rapport à nous, les savants
auroient dû les examiner sous leurs rapports
physiques, et nous faire acquérir des connoissances plus exactes sur leurs véritables
attributs ; mais l'habitude que nous avons de
rapporter tout à nous nous a fait négliger le
côté le plus important de la science de la nature,
et nous en sommes encore à nous demander
les uns aux autres quels ont été et quels sont
les desseins de la nature, en variant, comme
elle l'a fait, les péricarpes des fruits, dont les
uns sont plus ou moins charnus ou pulpeux, les
autres plus ou moins solides ou secs, amers ou
sucrés, acerbes ou huileux. Est-ce répondre, que
de dire, ainsi l'a voulu la nature, et il ne nous
appartient pas de l'interroger ni de pénétrer
dans ses secrets ? — J'ose assurer qu'elle n'a
point de secrets pour nous ; elle nous montre
toutes ses richesses, tous ses produits, et sans
cesse elle nous invite à l'étudier. Déjà j'ai exprimé quelques idées sur cette grande question, mais ce n'est pas ici la place de les con-

signer de nouveau, elles nous conduiroient
beaucoup trop loin.

Les botanistes comprennent généralement
sous le nom de *fruit* le véritable organe de la reproduction de l'espèce, quels que soient sa forme
et son volume, et en cela ils sont d'accord avec
la vérité de la science ; mais l'usage reçu dans
l'économie domestique et dans le langage fami-
lier établit une distinction entre ce que l'on est
convenu de nommer *fruits* et *semences*, et
nous n'interviendrons pas contre cet usage, lequel d'ailleurs rend infiniment plus facile la
description de l'utilité que l'homme peut tirer
de ce genre de productions. En effet, on peut
remarquer que ce que l'on est convenu de comprendre sous l'acception de *semences* offre les
côtés les plus importants de son utilité par la
semence elle-même, et non par le péricarpe,
tandis que ce que l'on nomme *fruit* en général,
est utile tantôt par le péricarpe, tantôt par le fruit
proprement dit ; et souvent par l'un et l'autre
séparément. Cette considération nous oblige à
adopter un mode de classification des fruits,
autre que celui qui a été indiqué par les botanistes. Nous reconnoissons qu'il est des fruits
dont l'usage paroît plus particulièrement réservé
pour celui de nos tables ; il en est d'autres qui

sont employés utilement à l'art de guérir; quelques uns dont la saveur est âcre et l'odeur aromatique, lesquels servent à l'assaisonnement de nos cuisines, et qui font partie du commerce de l'épicerie et de la droguerie; quelques autres qui sont propres à l'art du teinturier; nous en reconnoissons qui portent le nom de *fruits farineux*, parcequ'à la rigueur on peut les réduire en farine et les convertir en pain; d'autres sont nommés *émulsifs*, parcequ'ils fournissent de l'huile par l'expression; il est des fruits bons à manger lorsqu'ils sont mûrs, qui peuvent fournir, par suite de la fermentation, une liqueur vineuse; dont on peut faire usage comme boisson alimentaire, et dont on peut obtenir de l'alcohol par le moyen de la distillation; il est encore des fruits dont le suc est d'une saveur acide, et qui méritent d'être cités particulièrement comme offrant des services dans leur genre : la nature produit encore des fruits appelés *grus* ou *sauvages*, dont on sait tirer parti de plusieurs manières, et qu'il importe de signaler convenablement; parmi les plantes agrestes, nous rencontrons des fruits qui sont très utiles dans les manufactures de lainage; enfin, il est des fruits vides, ou écorces, de fruits, qui sont employés avec avantage dans l'art de la tabletterie.

Le nombre des fruits est si considérable, que pour les comprendre tous, et faire connoître les genres de services que l'on peut en tirer, il n'est qu'un seul moyen, qui est celui de les distinguer les uns des autres, en les rangeant sous autant de cadres qu'ils peuvent offrir d'utilités, ou conformément aux usages auxquels ils semblent plus généralement destinés. Nous trouvons qu'ils peuvent être distribués en douze genres ou sections; savoir :

1° Les fruits comestibles frais ;

2° Les fruits de terre ou de potager;

3° Les fruits légumineux ;

4° Les fruits farineux ;

5° Les fruits émulsifs ou huileux ;

6° Les fruits acides ;

7° Les fruits aromatiques ou d'épicerie;

8° Les fruits médicinaux ;

9° Les fruits à teinture ;

10° Les fruits grus ou sauvages ;

11° Les fruits propres aux manufactures;

12° Les fruits vides, ou écorces de fruits.

XXVIII° TABLEAU.

Fruits comestibles frais.

Observations.

Les fruits comestibles frais, dont l'usage semble plus particulièrement destiné à faire l'ornement et l'agrément de la table des riches, sont pour le pauvre des aliments en quelque sorte de nécessité. La nature, sagement prodigue, libérale et économe, semble avoir prévu nos besoins en multipliant ses dons, en les variant pour ainsi dire à l'infini, et en les dispensant à des époques différentes, pour nous faire jouir, dans chacune des saisons, des produits de sa bienfaisance.

Nous recueillons des fruits dans la saison du printemps ; quelques espèces naissent dans les premiers temps de l'été ; quelques autres ne sont bons à cueillir qu'à la seconde époque de la même saison ; il en est qui n'arrivent à leur maturité que dans l'automne ; d'autres enfin qui, récoltés dans l'arrière-saison, ont besoin de perfectionner l'élaboration de leurs principes dans

des fruitiers, pour être bons à manger pendant
la saison de l'hiver.

Les fruits généralement connus sous le nom
de *fruits rouges* ou *printaniers*, sont les espèces de cerises auxquelles succèdent peu de
temps après les variétés de prunes, d'abricots,
les pêches. Ces fruits sont très bons à manger
lorsqu'ils sont mûrs ; ils contiennent un principe mucoso-sucré qui les rend propres à fournir, par la fermentation, une liqueur vineuse,
de laquelle on obtient de l'alcohol par la distillation. Tel est entre autres le kirsch-wasser des
Allemands, l'alcohol de prunes, etc.

On confit les cerises, les abricots, les prunes,
les pêches, à l'eau-de-vie et au sucre ; on en fait
des confitures de toute espèce.

Les espèces de pommes, de poires, leurs
variétés qu'il seroit trop long de décrire ici,
dont le service sur nos tables est si généralement connu, dont on fait des compotes, des
gelées, des sirops, etc. Le cassis, dont on fait un
ratafia ; la fraise, dont on tire une eau-de-vie
extrêmement agréable ; le raisin et ses variétés,
dont on fait du vin cuit par l'évaporation de
son suc exprimé, connu généralement sous le
nom de *moût* ou *vin doux*, dont on prépare
une espèce d'extrait, qui prend les noms de

defrustum, sapa, et celui de *raisiné*, selon ses degrés de consistance ou de rapprochement ; ce fruit si précieux, qui fournit par la fermentation une liqueur vineuse si recherchée à cause de sa qualité, et si différente, tant par sa couleur que par sa saveur ; tels sont quelques uns des fruits que nous pouvons citer dans cette première division, et auxquels nous pourrions ajouter les noms de beaucoup d'autres (1).

Nota. Nous ne citons pas les fruits comestibles frais exotiques, notre projet n'étant pas de faire une nomenclature générale de tous les fruits connus.

Fruits comestibles frais.

DÉNOMINATION.
- Abricots et ses variétés.
- Azérole, ou Pommette.
- Cassis.
- Cerise et ses variétés.
- Cornouille.
- Fraise et ses variétés.
- Figues.
- Nèfles.
- Poires et ses variétés.
- Pommes et ses variétés.
- Prunes et ses variétés.
- Raisins et ses variétés.

(1) J'invite mes lecteurs à lire l'Instruction sur les moyens de suppléer le sucre, par M. Parmentier, et l'extrait que j'ai fait de cet excellent ouvrage, imprimé dans le Moniteur, août 1805 ; ils y trouveront de grandes vues d'utilité, proposées par ce célèbre philantrope et georgiphile français.

XXIX.ᵉ TABLEAU.

Fruits de terre ou de potager.

OBSERVATIONS.

CETTE série de fruits comprend particulièrement les espèces que l'on cultive dans les jardins potagers. On leur donne le nom de *fruits de terre*, parcequ'en effet ils sont appuyés sur terre. Leur volume et leur pesanteur sont tels, que les plantes auxquelles ils appartiennent et auxquelles ils adhèrent par leurs pédicules ne pourroient pas les soutenir.

Ces sortes de fruits sont d'usage sur les tables, comme objets d'aliments, lorsqu'ils sont arrivés dans leur maturité.

Les concombres et les cornichons naissants, que l'on est dans l'usage de confire au vinaigre, servent dans l'assaisonnement des cuisines.

Nous ferons remarquer à l'égard des fruits de terre en général, que l'on doit les récolter avant leur maturité, et les conserver plus ou moins long-temps séparés de leurs tiges, afin de donner le temps au péricarpe charnu de

perfectionner la combinaison de ses principes,
par une élaboration lente, étrangère à la végétation.

Fruits de terre ou de potager.

DÉNOMINATION.
{
Citrouille.
Concombre.
Cornichon.
Courge.
Melon.
Potiron.
}

Nota. Ces fruits sont nommés *cucurbitacés.*

XXXe TABLEAU.

Fruits légumineux.

OBSERVATIONS.

Les fruits légumineux sont ainsi nommés,
parcequ'ils font partie des légumes que l'on est
dans l'usage de servir sur les tables comme
objets d'aliments. Nous avons dû les présenter
dans un tableau à part; afin de les distinguer
des racines légumineuses et des plantes potagères que l'on comprend habituellement sous
la même acception.

Les fruits légumineux appartiennent aux plantes de la famille des papilionacées, dont le péricarpe est une gousse : ces fruits sont employés verts ou secs. Lorsqu'ils sont naissants, on distingue à peine la graine qui est renfermée dans la gousse, et celle-ci est assez tendre pour être employée dans les cuisines, et servie sur les tables. Lorsque l'acte de la végétation est plus avancé, on aperçoit le fruit qui adhère à un des panneaux de la gousse par un petit linéament qui lui sert de *placenta*. On fait usage de ce fruit lorsqu'il est encore vert, en le détachant de sa gousse, qui est devenue trop fibreuse pour être servie, mais qui sert de nourriture aux bestiaux. Lorsque ces fruits sont mûrs, on aperçoit la gousse qui jaunit, et les graines qu'elle renferme ont plus de volume et plus de consistance : on les fait sécher pour les distribuer, et en faire usage comme légumes secs.

Ces légumes secs sont farineux, et peuvent en effet être réduits en farine : on se sert de cette farine pour faire des purées. On mêle encore cette farine avec celle du froment pour faire du pain; mais la farine des légumes secs n'est pas propre à la panification, par la raison qu'elle ne contient point de fécule, ni de gluten, ni de principe sucré, du moins suffisamment.

Les fruits légumineux sont des aliments dé-
licats lorsqu'ils sont verts, et de ressource ou
de provision lorsqu'ils sont secs. On les conserve sous les deux états, savoir, comme légumes verts, et comme légumes secs.

Fruits légumineux.

DÉNOMINATION.
- Fèves.
  - — grosses.
  - — de marais.
- Fèverole.
- Gesse.
- Haricots
  - verts.
  - blancs.
  - rouges.
  - violets.
- Lentille
  - grosse.
  - petite.
- Pois verts
- — secs } leurs variétés.
- — chiche, ou Pois bécu.

XXXIe. TABLEAU.

Fruits farineux.

OBSERVATIONS.

Nous donnons le nom de *fruits farineux* aux espèces de fruits dont la substance pulpeuse contient un principe analogue à la fécule, et une petite quantité de mucoso-sucré, en sorte que cette substance puisse être propre à la panification. Il est bon de remarquer que les fruits de cette sorte sont renfermés dans un péricarpe d'une texture coriacée, lequel est lui-même recouvert d'un premier péricarpe extérieur plus ou moins charnu.

La substance pulpeuse de ces fruits n'acquiert l'état pâteux ou farineux que par la cuite dans l'eau ou par le rôtissage. Cette remarque est d'autant plus importante, que c'est à la cuite de ces fruits qu'ils doivent la combinaison plus intime de leurs principes, leur saveur douce sucrée, et la propriété qu'ils ont de pouvoir être convertis en pain.

Fruits farineux.

DÉNOMINATION. { Corniole, ou Châtaigne d'eau.
Châtaigne.
Marron.

XXXIIe TABLEAU.

Fruits émulsifs ou huileux.

OBSERVATIONS.

LES fruits émulsifs ou huileux sont ceux qui
contiennent un principe mucilagineux et huileux, engagé et interposé dans une substance
fibreuse. Si on les réduit en pâte, en interposant peu à peu leurs molécules avec de l'eau,
on obtient une émulsion blanche ou laiteuse :
si on les réduit en pâte impalpable sans addition d'eau, on obtient une huile par expression, grasse ou fixe, quelquefois mixte, c'est-
à-dire fixe et volatile. Nous ferons remarquer
que nous ne comprenons pas dans cette série les
semences huileuses dont il sera fait mention à
l'article des semences. Remarquons encore que

les fruits émulsifs ou huileux sont ceux dont la substance pulpeuse est renfermée dans un péricarpe ligneux, ou tout au moins d'une texture sèche. Nous exceptons l'olive, dont le péricarpe est charnu et huileux.

Tous les fruits à noyaux renferment dans leur péricarpe ligneux une amande qui donne par l'expression une huile grasse ou fixe.

Fruits émulsifs ou huileux.

DÉNOMINATION.

Amandes { amères.
douces.

Anacarde, *semecarpus anacardium.*

Aouara, donne l'huile de Palme.

Avelines.

Baies de Laurier.

Ben (Noix de).

Cacao, ses variétés.

Faîne, ou Fouesne.

Graine de Ricinoïde, ou Fève purgative.

Grains de Tilli, ou des Moluques.

Noisette, ses variétés.

Noix, ses variétés.

Noix d'Acajou, ou Anacarde antartique.

Noix muscade.

Olives.

Pignons doux.

Suite des fruits émulsifs ou huileux.

DÉNOMINATION.	Pignons d'Inde. Pistache. Noyaux	d'Abricots. de Cerises. de Pêches. de Prunes, etc.

XXXIII.e TABLEAU.

Fruits acides.

OBSERVATIONS.

C'EST en distribuant les fruits par rang d'a-
nalogie relative à leurs propriétés physiques, et
dans des colonnes distinctes, que nous parvenons insensiblement à connoître leurs diverses
utilités : nous posons en même temps les bases
d'un grand édifice qu'il reste aux physiciens
naturalistes à construire pour offrir à nos yeux
l'ensemble vraiment admirable des productions
végétales, en leur signalant les matériaux qui
en font partie, et que la nature a destinés pour
former un tout qui nous paroîtroit un prodige,
s'il nous étoit parfaitement connu.

Nous reconnoissons dans les fruits acides, non seulement une différence sensible dans leurs degrés d'acidité, mais encore dans ce que l'on nomme l'*arome* ou le *bouquet* qu'ils impriment sur l'organe du goût, et qui sert à les distinguer les uns des autres. Nous remarquons que les fruits de ce genre recèlent plus ou moins de gélatine végétale, plus ou moins de principe muqueux, et que leur force d'acidité est constamment proportionnelle à la moindre quantité de ces deux principes dans la composition de leurs sucs propres.

L'expérience nous a appris que les fruits acides perdoient de leur acidité, une partie de leur gélatine, et qu'ils acquerroient une saveur qui se rapprochoit davantage de celle du sucre, si on les laissoit subir sur pied l'acte de la végétation et de la maturation complète.

Cette observation est infiniment importante pour le naturaliste qui suit attentivement tous les mouvements de la nature, et qui la voit constamment occupée du soin de perfectionner l'œuvre de sa création, tout en paroissant tendre vers sa fin : elle intéresse l'économe à qui elle indique le moment propre à récolter ces fruits, pour en jouir convenablement et complètement.

Les fruits acides servent comme objets d'aliments, d'agrément sur nos tables, et quelquefois comme assaisonnement dans les cuisines.
On exprime le suc acide de plusieurs, tels que
de l'épine-vinette, des citrons et des limons,
des bigarades et des oranges, des coings, des
groseilles, des framboises, du verjus: quelques
uns de ces fruits sont conservés au vinaigre,
d'autres au sucre; on en fait des gelées, des
sirops, des confitures, des conserves, des pul-
pes, des boissons médicinales, des préparations
de pharmacie, des liqueurs de table, des fruits
à l'eau-de-vie, etc. etc.

Fruits acides.

DÉNOMINATION.
- Airelle cannebérge.
- Berbéris, ou Épine-vinette.
- Bergamotte.
- Bigarades, ou Oranges amères.
- Chinorrhodon, ou Gratte-cul.
- Citrons.
- Coings.
- Framboises.
- Grenades.
- Groseilles.
- Limons.
- Mûres.
- Oranges.
- Pruneaux noirs.
- Tamarins.
- Verjus.

XXXIV⁰ TABLEAU.

Fruits aromatiques, ou d'Épicerie.

ON comprend sous le nom de *fruits aroma-tiques* ou d'*épicerie*, les espèces de fruits dont la saveur est âcre ou piquante, l'odeur aroma-tique, et ceux qui sous le nom d'*épices* font partie du commerce de l'épicerie.

Les fruits de ce genre sont utiles à la mé-decine, à la pharmacie, à la parfumerie, au distillateur-liquoriste, au confiseur, à l'assai-sonnement des cuisines. On en retire, par la distillation, des huiles volatiles.

DÉNOMINATION.
{
Acapalti, espèce de Poivre.
Antolfe, ou mère des Gérofles.
Camiade, espèce de Poivre sauvage.
Cardamome, Maniguette ou Graine de Paradis.
Cubèbes, ou Poivre à queue.
Gérofle.
Noix de Gérofle, ou de Ma-dagascar.
}

Suite des Fruits aromatiques, ou d'Épicerie.

DÉNOMINATION.

Poivre { noir.
{ blanc.

Poivre d'Éthiopie, ou Grains de Zélim.

Poivre de la Jamaïque, ou Piment des Anglois.

Poivre-long des jardins, ou de Guinée.

Poivre-long des Indes.

Vanille, Banille, ou Méca-sulhil.

XXXV° TABLEAU.

Fruits médicinaux.

OBSERVATIONS.

SI nous présentions la série complète des fruits qui peuvent être utiles à l'art de guérir, il en est bien peu qui n'y fussent compris : en effet, tous ceux que nous avons dénommés dans les divisions qui précèdent celle-ci y ont plus ou moins de rapport; et ceux qui sont compris dans les tableaux qui suivent ne sont pas moins utiles, soit à la médecine, soit à la pharmacie,

soit aux arts chimiques. Le lecteur est trop instruit pour ne pas apercevoir les motifs qui ont
déterminé ces divisions : aucune d'elles n'est
exclusive. Il s'agit de faire connoître les divers
points d'utilité des fruits, et nous pouvons espérer d'atteindre ce but proposé, en multipliant
leurs divisions. Nous pensons néanmoins que
cette série de fruits médicinaux sera, sinon complète, du moins conforme au titre, par la raison que les espèces de fruits qu'elle réunit sont
plus spécialement destinées à l'usage de la médecine.

Fruits médicinaux.

DÉNOMINATION.

- Abanga.
- Abrus.
- Acacia en gousse.
- Achanaca.
- Alkékenge, ou Coqueret.
- Amomum en grappe.
- Anacarde, *Semec. anacard.*
- Arec, ou Faufel.
- Aveline purgative.
- Baguenaude.
- Baies de Genièvre.
- — de Laurier.
- — de Myrte, ou Myrtilles.
- — de Nerprun.
- — de Sureau.
- — d'Yèble.

Suite des Fruits médicinaux.

DÉNOMINATION.

Canéfice.
Carouge.
Casse en bâton.
Chinorrhodon.
Coloquinte.
Concombre sauvage.
Coques du Levant.
Dattes.
Fèves de Saint-Ignace, ou Noix igasur des Philippines.
Follicules de Séné.
Fruit du Baumier.
Graine de Ricinoïde.
Jujubes, ou Gingeole.
Myrobolans.
Noix d'Acajou.
— de Ben.
— de Cyprès.
— Vomique.
Pignon doux.
Pignon d'Inde.
Pois à gratter, ou pois pouilleux.
Pomme d'Adam.
Pomme épineuse.
Prune de Montbain, ou d'Acaja.
Ricin.
Sébestes.
Tamarins.
Têtes de Pavot, ou Pavot blanc.

XXXVIe TABLEAU.

Fruits propres à la Teinture.

OBSERVATIONS.

DÉJA nous avons eu occasion de faire connoître la présence du principe colorant propre
à l'art de la teinture, dans les bois, les racines,
les feuilles et les fleurs des végétaux ; nous re-
trouvons encore le même principe dans quelques fruits. L'observateur ne laisse échapper
aucune occasion d'admirer la munificence de la
nature ; il remarque qu'il n'est aucune de ses
productions douées de propriétés exclusives. Le
principe colorant que l'on peut extraire de
certains fruits pour l'appliquer à l'art de la nature n'est pas le seul dont ils soient pourvus ;
ils réunissent d'autres principes encore qui les
rendent propres à d'autres usages, tels qu'à
ceux de la médecine, de la pharmacie, etc.

DÉNOMINATION.
{
Fruits d'Airelle anguleuse.
— Figue d'Inde, ou Ra-
quette.
Fruit du Troëne, *Ligustrum germanicum.*
}

Suite des Fruits propres à la Teinture.

DÉNOMINATION.	Graine d'Avignon.
	— de Lycie.
	Grainette, ou Graine jaune.
	Nerprun petit.
	Nerprun, ou Noirprun.

XXXVII.ᵉ TABLEAU.

Fruits grus et sauvages.

OBSERVATIONS.

FRUITS grus, en terme de forêt, s'entend des fruits qui naissent dans les forêts ; et on comprend sous le nom de *fruits sauvages* ou *de sauvageons*, les espèces de fruits qui naissent sur les arbres qui n'ont point été greffés. Les pommiers et les poiriers sauvageons, dont on fait des plantations à dessein d'en recueillir les fruits pour en faire du cidre et du poiré, sont des espèces particulières.

En établissant deux divisions, nous sauvons l'équivoque. La première indique les fruits à cidre et à poiré; la seconde comprend les fruits grus proprement dits. Nous remarquons que ces fruits offrent des services vraiment importants.

L'avélanède, qui est la coupe ou calice du gland de chêne, contient du tannin, et est propre aux corroyeurs. Le gland sert de nourriture aux cochons; il contient une matière féculente propre à faire du pain dans les cas de disette.

La faîne ou fruit du hêtre fournit une huile, par expression, bonne à manger lorsqu'elle est dépurée. Le marron d'Inde en poudre sert à faire une colle pour les colleurs de papiers et les relieurs : on en sépare une fécule dont on peut faire du pain ; il fournit, par la combustion, une cendre qui contient beaucoup de potasse carbonatée : on fait usage du marron en poudre pour la pousse des chevaux.

Fruits grus et sauvages. Première division.

DÉNOMINATION. $\begin{cases} \text{Pommes à cidre.} \\ \text{Poires à cidre poiré.} \end{cases}$

Fruits grus.

DÉNOMINATION. $\begin{cases} \text{Avélanède, ou Valanède.} \\ \text{Faîne, ou Fouesne.} \\ \text{Gland de Chêne.} \\ \text{Marron d'Inde, ou Châtaigne} \\ \text{de cheval.} \end{cases}$

XXXVIIIe TABLEAU.

Fruits propres aux Manufactures.

OBSERVATIONS.

C'EST à l'industrie humaine que nous devons cette distinction parmi les fruits.

Nous connoissons des fruits qui renferment un duvet végétal placé au rang des matières premières, et dont l'utilité est infiniment recommandable dans l'art de la filature, dans les fabriques de toiles, de mousselines, d'étoffes, de chapeaux, de couvertures de lit, etc. Tels sont les fruits des espèces de cotonniers, du frommager, du mahot, de l'apocin ; tel est encore le fruit du cocotier, qui renferme une bourre presque incorruptible à l'eau, dont on peut faire des voiles de navire, et dont on se sert pour calfater les vaisseaux.

C'est encore à l'industrie humaine que nous devons l'usage des fruits des espèces de chardons dont on se sert pour lainer les étoffes de prix, comme draps, ratines, etc. ; pour tirer la laine des étoffes les plus communes, tels que les sommiers, les revêches ; enfin, dont on fait des instruments propres à nettoyer les vases de grès, les bouteilles à large orifice.

Fruits propres aux Manufactures. Première division.

DÉNOMINATION. $\left\{ \begin{array}{l} \text{Apocin.} \\ \text{Bedeilsar ou-Tue-Chien. (1)} \\ \text{Fruit du Cocotier.} \\ \text{— \ \ du Cotonnier.} \\ \text{— \ \ du Fromager.} \\ \text{— \ \ du Mahot.} \end{array} \right.$

Seconde division.

DÉNOMINATION. $\left\{ \begin{array}{l} \text{Chardon à bonnetier.} \\ \text{Rondelles ou Camion.} \end{array} \right.$

XXXIX.ᵉ TABLEAU.

Fruits vides, ou Écorces de Fruits.

OBSERVATIONS.

Nous ne pouvons mieux terminer l'article des fruits qu'en faisant la description de l'utilité que l'on peut tirer de leurs écorces. Ce mot *écorce* est une expression vulgaire adoptée par les artistes et les commerçants, qui ne sont pas obligés de savoir que le vrai terme technique et scientifique est celui de *péricarpe*. On-leur donne le nom de *fruits vides*, parcequ'ils sont débités dans le commerce après avoir été vidés

---

(1) On a aussi donné ce nom à la racine du Colchique, plante de l'Hexandrie-monogynie. Voy. *Ognon colchique.*

de leurs substances pulpeuses et de leurs semences.

On remarque que c'est tantôt de la première,
tantôt de la seconde enveloppe du fruit dont
on fait usage, et que cet usage se rapporte à
la médecine, à la parfumerie, aux arts du teinturier, du tablettier, du bonbonnier, du confiseur, etc. On remarque qu'il est de ces fruits
vides dont la forme conservée est propre à con-
tenir des liquides, des résines, des baumes
liquides, lesquels s'y durcissent avec le temps.
Les gourdes à l'usage des militaires et des voyageurs à pied sont préparées avec le fruit vide
de la calebasse. La calebasse de Guinée, dont
la substance pulpeuse sert à préparer le sirop
de calebasse, si estimé anciennement, fournit
une écorce dont les tablettiers, principalement
à Dieppe, font les plus jolis ouvrages.

Fruits vides, ou Écorces de Fruits.

DÉNOMINATION.
{
Calebasse vide.
Calebasse de Guinée ou l'é-
corce de Choyne.
Écorce de Bergamote.
— de Citron.
— de Grenade ou *Ma-
licorium.*
— d'Orange.
— de Cacao.
}

Suite des Fruits vides, ou Écorces de Fruits.

DÉNOMINATION. $\left\{\begin{array}{l}\text{Macis.}\\\text{Noix vide.}\\\text{Noix de Coco vide.}\end{array}\right.$

DES SEMENCES, OU GRAINES.

Les semences ou graines sont les produits des végétaux qui renferment les organes propres à la reproduction des espèces ; ce sont les fruits proprement dits ; c'est le produit du dernier acte de la végétation ; c'est le complément de la nature végétative dont le vœu a été satisfait.

Que de moyens, que d'élaborations la nature fait précéder avant d'arriver à la fin qu'elle se propose à l'égard de tous les êtres organisés ! La semence d'un végétal paroît bien peu de chose aux yeux du plus grand nombre, et elle est un objet merveilleux pour le philosophe, dont les yeux armés du microscope aperçoivent dans son intérieur le germe qui est destiné à devenir à son tour une plante, un arbre. Quel prodige dans la cause ! quel sujet d'admiration dans l'effet !

Pour décrire avec quelque intérêt l'utilité des semences en général, ne convient-il pas de les faire connoître elles-mêmes par les côtés physiques qui leur appartiennent, par les di-

verses parties qui les constituent? Avant de
nous approprier la substance qui les compose
chacune en particulier, la nature n'a-t-elle pas
conçu un premier dessein dans leurs composi-
tions en faveur de chaque espèce? Toutes les
précautions qu'elle a prises pour faire arriver
un végétal quelconque au point de perfection
où il se trouve, lorsqu'il est pourvu de l'organe
propre à sa reproduction, prouvent assez qu'elle
s'est d'abord occupée du soin de parfaire son
ouvrage.

Toutes les semences, quel que soit leur volume, sont composées d'une plantule ou plumule
et d'une radicule. La plantule est le petit germe
destiné à s'élever au-dessus de la terre, et à repré-
senter le végétal auquel appartient la semence;
la radicule est la seconde partie du germe, destinée à se convertir en racine, et à prendre la
direction qui lui convient dans l'intérieur de
la terre : mais ces germes sont protégés par plusieurs autres parties qui les renferment ou qui
les accompagnent. La partie qui les renferme
est une substance charnue ou pulpeuse qui
porte le nom de *lobe*; cette partie se divise
habituellement en deux, quelquefois en quatre
lobes ; dans quelques semences, elle n'offre
qu'un seul lobe qui remplit les fonctions des

deux ou des quatre à l'égard de la plantule et de la radicule. Les lobes et les germes constituent la semence proprement dite, laquelle est revêtue extérieurement d'une enveloppe qui est plus ou moins sèche.

Les semences sont nues ou couvertes : les premières ne sont enveloppées que de leurs tuniques propres; les secondes sont renfermées dans des péricarpes, et ces péricarpes sont de leur côté ou pulpeux charnus, ou pulpeux coriacés, ou pulpeux et ligneux.

Les semences sont simples, lorsqu'elles ne sont ni ailées, ni couronnées, ni aigretées : elles sont ou grandes ou petites, ou ovales, ou cordiformes, ou réniformes, ou anguleuses, à quatre ou cinq côtés, rudes, velues, ridées ou lisses, ou luisantes, noires, brunes, blanches, grises, vertes, jaunes, rousses, rouges, marbrées, ou tachetées, convexes ou droites, canelées ou rondes, etc. etc.

Les semences ailées, couronnées ou aigretées, reçoivent leurs noms de la manière dont elles sont entourées. Ces ailes ou aigrettes sont des organes particuliers qui servent à protéger les semences contre les agents extérieurs, et à éloigner d'elles celles qui sont portées par les vents.

Si l'on fait attention au nombre de parties dont sont composées les semences ; si l'on considère que chacune de ces parties remplit des fonctions qui tournent toutes au profit ou à la conservation de ces semences ; que les mêmes principes des parties environnantes qui ont contribué à la perfection du germe spécifique, à sa maturation, serviront, dans une autre circonstance, à son développement, à épurer, à lui transmettre l'aliment nécessaire à l'accroissement progressif de la plante qu'il est destiné à reproduire, on aura une première idée de la sagesse et de la sublimité de la nature relativement à l'origine, au terme moyen, et à la fin qu'elle s'est proposée dans tous les objets de la création. Mais poursuivons. Chaque semence a ses principes, sa saveur, une odeur qui lui est propre : les unes sont sèches et pulvérulentes, inodores ou odorantes ; les autres sont d'une saveur douce sucrée, contenant un principe féculent et une matière glutineuse élastique, en plus ou moins grande quantité ; quelques unes sont émulsives ou huileuses ; quelques autres contiennent de l'huile volatile ; enfin, il en est qui ont la dureté de la corne, et qui sont pour cette raison nommées *semences cornées.* Si nous examinions chacun de ces

genres de semences, nous verrions qu'elles sont
protégées par des enveloppes, tantôt solides,
tantôt amères, selon qu'elles sont plus ou moins
susceptibles d'être altérées par les agents extérieurs, ou sujettes à être en proie aux attaques
des insectes destructeurs; nous verrions que la
nature a tout fait pour elles, tout pour perpé-
tuer les espèces par les facultés reproductrices
qu'elle leur a attribuées.

. Le premier point d'utilité que nous offrent
les semences, est celui de reproduire les espèces. Ce service est sans contredit le plus important de tous, puisqu'il devient dans la main
du cultivateur une source d'abondance, au
moyen de laquelle nous pouvons satifaire aux
besoins les plus pressants de la vie, tels que
ceux d'alimenter notre existence, et de réta-
blir l'équilibre dans l'économie animale, lorsqu'il est interrompu par la maladie.

Les anciens distinguoient les semences par
leurs propriétés dominantes; mais ce mode de
distinction n'étoit pas toujours exact : les modernes ont établi une distribution sur des caractères plus certains; ils ont classé les semences
en conséquece des principes qui les constituent,
et à raison de leur état sec ou solide qui les
rendent plus ou moins pulvérulentes. Sans nous

éloigner du système des modernes, nous dis-
tribuerons les semences conformément aux principes qui les constituent, aux usages auxquels
on les fait servir le plus habituellement, et à
leur dureté. D'après ces considérations, nous
apercevons que les semences peuvent être distinguées en six genres, savoir :

1º Semences de jardin, ou propres à ense-
          mencer ;

2º ———— farineuses ou propres à la pa-
          nification ;

3º ———— émulsives ou huileuses ;

4º ———— aromatiques ou huileuses vo-
          latiles ;

5º ———— médicinales et propres aux
          arts ;

6º ———— cornées.

Nota. Les noms de graines ou semences expriment
la même chose; il n'y a de différence que dans celle de
leur volume.

XL.ᵉ TABLEAU.

Semences de Jardins, ou propres à, en-semencer:

OBSERVATIONS.

L<small>E</small> premier soin du cultivateur est de se pourvoir des semences de plantes dont il se propose
la culture dans ses terres ou dans ses jardins.
Nous avons dit, dans l'article général des semences, qu'elles contenoient les organes propres à la reproduction des espèces ; toutes les
semences peuvent donc être réputées utiles
aux semailles. Ce genre d'utilité est infiniment
précieux, non seulement à l'égard des plantes
indigènes dont on peut propager les espèces autant que les désirs et les besoins le comportent,
mais encore à l'égard des plantes exotiques dont
on parvient à acclimater les espèces, en semant
leurs graines ou semences dans des terrains
que l'on prépare en conséquence, et par tous
les autres soins de culture. C'est ainsi que nous
avons cultivé en France le *rheum palmatum* et
le *rheum undulatum* de la Chine, le *myrica*
ou l'arbre de cire, etc. etc.

Nous citerons par préférence les semences des plantes que l'on est dans l'usage de cultiver dans les jardins potagers.

Semences de Jardins, ou propres à ensemencer.

Plantes à Racines légumineuses.

DÉNOMINATION. {
Sem. de Carotte.
— de Celeri.
— de Chéruis.
— de Navet.
— d'Ognon des jardins.
— de Panais.
— de Radis.
— de Salsifis.
}

Semences de Plantes potagères.

DÉNOMINATION. {
Sem. d'Asperge.
— de Bette ou Poirée.
— de Bonne-Dame.
— de Cardon.
— dé Chicorée.
— de Choux.
— De Scariole ou Endive.
— d'Épinards.
— de Laitue.
— d'Oseille.
— de Pourpier.
— de Cerfeuil.
— de Persil.
}

Suite des Semences de Jardins, ou propres à ensemencer.

Semences de Fruits de terre.

DÉNOMINATION. {
   Sem. de Citrouille.
   — de Concombre.
   — de Courge.
   — de Melon.
   — de Potiron.

Semences de Fruits légumineux.

DÉNOMINATION. {
   Sem. de Fèves.
   — de Gesse.
   — de Haricots.
   — de Lentilles.
   — de Pois.
   — de Pois chiche.

XLIᵉ TABLEAU.

Semences farineuses, ou propres à la panification.

OBSERVATIONS.

FAIRE connoître les semences ou graines farineuses propres à être converties en pain par
l'art du boulanger, c'est indiquer leur genre
d'utilité la plus importante à l'économie do-

mestique. Celles de ces semences qui sont les plus estimées, dont les principes sont les plus propres à la panification, sont les semences ou graines céréales, connues généralement sous le nom de *grains* ou sous celui de *graines frumentacées*; mais ces semences ne sont pas les seules dont la farine puisse être convertie en pain : il en existe qui appartiennent à d'autres familles végétales, et qui, dans les cas de disette, offrent des farines de ressource, moins propres à la vérité à la panification, mais dont l'usage le plus ordinaire est destiné à la nourriture des hommes et à celle des animaux.

Semences farineuses, ou propres à la panification.

DÉNOMINATION.
{
Sem. d'Avoine.
— de Blé ou Froment.
— de Blé locular ou Épautre.
— de Blé de mars.
— de Blé méteil.
— de Graine de Canarie, ou Alpiste.
— de Maïs, ou Blé de Turquie.
— d'Orge.
— d'Orge perlée.
— d'Orobe.
— de Riz.
}

Suite des Semences farineuses, ou propres à la panification.

DÉNOMINATION.
{
  Sem. de Sarrasin, ou Blé noir.
  — de Seigle.
  — de Vesce.
}

Nota. Ces semences, ou graines, sont propres à ensemencer comme les précédentes.

XLII° TABLEAU.

Semences émulsives, ou huileuses.

OBSERVATIONS.

Les semences émulsives ou huileuses sont ainsi nommées, parcequ'elles renferment dans leur substance pulpeuse un principe immédiat de la nature des huiles grasses ou fixes.

Si l'on réduit ces semences en pâte, en interposant peu à peu leurs molécules par celles de l'eau, on obtient une émulsion; mais si on les réduit en pâte impalpable sans addition d'eau, on obtient, par l'expression, des huiles dont la consistance, la couleur, l'odeur, la saveur et les proportions d'hydrogène et de carbone varient selon la nature de la semence employée.

Il ne faut pas confondre les semences émulsives avec les fruits émulsifs, quoique les uns
et les autres donnent des produits analogues.

Les semences des fruits à noyaux donnent des
produits huileux analogues.

Les semences émulsives sont utiles à l'économie domestique, à la médeciné et aux arts, à
raison du principe muqueux et huileux qu'elles
contiennent.

Semences émulsives, où huileuses.

DÉNOMINATION.

Sem. de Carthame.
— de Chenevis.
— de Citrouille.
— de Colsa.
— de Concombre.
— de Courge.
— de Jusquiame.
— de Lin.
— de Melon.
— de Moutarde ou Sénevé.
— de Myrica.
— de Navette ou Navet
sauvage.
— de Pavot blanc.
— de Pavot noir.
— de Potiron.
— de Sapotille.
— de Sésame ou Jugoline.

XLIIIe TABLEAU.

Semences aromatiques huileuses volatiles.

OBSERVATIONS.

C'EST en étudiant la nature dans ses détails que l'on aperçoit toute sa richesse. Insensiblement nous parvenons au point de faire connoître chacun des produits immédiats qui appartiennent aux végétaux ; lorsque nous aurons fait l'histoire particulière de leurs productions, nous aurons fait celle de tous les principes qui les constituent, et il ne nous sera pas difficile de rassembler dans un même cadre les matériaux que cet ordre de corps organisés peut offrir à nos besoins plus ou moins pressants, et à notre industrie.

Nous trouvons parmi les semences, et singulièrement parmi celles des plantes qui appartiennent à la famille des ombellifères, des semences aromatiques qui recèlent un principe huileux volatil, que l'on peut en extraire par le moyen de la distillation. Ce principe huileux volatil odorant se rencontre dans ces semences uni à un peu d'huile fixe. Il résulte de cette alliance que leurs propriétés physiques sont tempérées l'une par l'autre, et que leur saveur dans les semences mêmes est mixte, et plutôt agréable que désagréable. Ces semences, lorsqu'elles sont sèches, répandent une odeur suave, et sont peu susceptibles d'altération : elles excitent l'appétit et facilitent la digestion. Ces considérations en ont amené l'usage dans une infinité de circonstances. On en introduit dans la pâte de farine pour être convertie en pain, dans celles des fromages : les confiseurs les habillent de sucre; les liquoristes en font des ratafias, des huiles liquoreuses; les parfumeurs en préparent des sacs et sachets parfumés; les distillateurs en obtiennent des huiles volatiles par la distillation; les pharmaciens les font entrer dans la composition de plusieurs médicaments; les médecins en prescrivent l'usage, et les vétérinaires les emploient dans les maladies des chevaux.

Semences aromatiques huileuses volatiles.

DÉNOMINATION.
$\left\{ \begin{array}{l} \text{Sem. d'Abelmosc.} \\ \text{— d'Ambrette.} \\ \text{— de Graine de Musc.} \\ \text{— d'Ammi de Candie.} \end{array} \right.$

Suite des Semences aromatiques huileuses volatiles.

DÉNOMINATION.

Sem. d'Anis étoilé ou semence de Badiane.
— d'Apios.
— de Coriandre.
— de Daucus de Crète.
— de Daucus vulgaire.
— d'Ache.
— d'Anet.
— d'Angélique.
— d'Anis ou Anis vert.
— de Carvi.
— de Cumin.
— de Fénouil.
— de Séseli de Marseille.

XLIVe TABLEAU.

Semences propres à la Médecine et aux Arts.

OBSERVATIONS.

LES semences que nous avons dénommées dans les tableaux qui précèdent sont utiles à la médecine et à l'art du pharmacien, tout aussi bien que celles que nous signalons dans le tableau ci-dessous; mais celles-ci ne sont pas pourvues de principes dont les caractères soient aussi marqués : ce sont, à proprement parler, des semences sèches, pulvérulentes, dont les propriétés diffèrent toutes entre elles ; telle est la raison qui nous a déterminé à les réunir sous le titre de semences propres à la médecine. Mais, dans le nombre, il en est quelques unes qui sont employées dans quelques arts, et qui justifient le titre que nous leur donnons par ampliation; telle est la semence de Chouan dont on fait usage dans la préparation du carmin; telles sont encore les graines de Panacoco, les larmes de Job, la semence de Gremil, celles des deux pivoines dont on fait des colliers, des chapelets.

Semences propres à la Médecine et aux Arts.

DÉNOMINATION

Sem. d'Agnus-castus.
— d'Attriplex.
— d'Ancolie.
— de Berce.
— de Barbotine.
— de Carthame.
— de Chardon béni.
— de Chardon commun.
— de Chicorée.
— de Chouan.
— de Citron.
— de Coton.
— d'Endive.
— de Gremil.
— de Larmes de Job.
— de Jusquiame.
— de Laitue.
— de Livêche.
— de Lupin.
— de Nez-coupé.
— de Nielle.
— de Persil de Macédoine.
— de Persil vulgaire.
— de petit Houx.
— de Pivoine { grande.
　　　　　　　 { petite.
— de Pourpier.

Suite des Semences propres à la Médecine et aux Arts.

DÉNOMINATION.
- Sem. de Psillium.
- — de Roquette.
- — de Violettes.
- Pépins de Coings.
- Poudre à vers.
- *Semen contrà*, ou Santoline, ou Semencine.
- Séseli de montagne.
- Cumin faux.
- Cumin vrai.
- Fénu-grec.
- Poivre sauvage. *V.* semence d'Agnus-castus.
- Sem. d'Arroche.

XLV.ᵉ TABLEAU.

Semences cornées.

OBSERVATIONS.

On donne le nom de semences cornées aux espèces de semences de nature solide, dont la force d'agrégation moléculaire a de l'analogie à celle de la corne des animaux. On ne connoît guères que la graine du Cafier qui mérite de porter le nom de *semence cornée*.

Cette graine ou semence est utile à la méde-cine, et est devenue d'un usage presque indispensable, soit comme boisson alimentaire mêlée à la crême ou au lait, ou à la suite du repas pour précipitér la digestion. On en fait du ratafia de café, et une liqueur fine nommée *crême de café.*

La graine de café non brulée est employée en décoction comme boisson anti-septique (1). Son plus grand usage est lorsqu'elle a été légèrement torréfiée, alors elle acquiert une saveur et un arome qui lui sont particuliers.

M. de Tussac, colon réfugié de Saint-Domingue, a trouvé le moyen d'extraire du péricarpe pulpeux qui renferme le grain du cafier une liqueur alcoholique analogue au rhum, et dont le parfum indique son origine. Il y a lieu de présumer que c'est par suite de la fermentation et de la distillation (2).

Semences cornées.

DÉNOMINATION. { Café Moka.
— de l'île de Burbon.
— des îles.
— mariné ou avarié par l'eau de la mer.

---

(1) Le docteur *Praigle* recommande l'usage de cette boisson dans l'asthme accompagné de spasme. On assure que deux onces d'infusion de café, saturées des principes extractifs de cette semence, mêlées avec deux onces de suc de citron, prises le matin à jeun, sont souveraines dans les fièvres intermittentes.

(2) *V. Flore des Antilles,* par M. DE TUSSAC. Paris, chez F. Schœll.

DES MOUSSES ET LICHENS.

Les mousses et les lichens sont des plantes incomplètes, c'est-à-dire qu'il leur manque plusieurs des parties qui constituent l'ensemble des végétaux entiers.

On peut considérer les mousses et les lichens comme des plantes avortées, dont les organes de reproduction n'ont rien qui ressemble à ceux qui procèdent de la fructification. Mais, quelle que soit l'opinion des botanistes à l'égard de ces plantes incomplètes ; ce n'est pas ici le moment d'émettre la mienne. Tout ce que je me permettrai de dire, c'est que ces prétendues plantes font naître un grand nombre d'idées qui tendent toutes à prouver que les germes spécifiques auxquelles elles doivent leur existence, n'ont pas été déposés sur une matrice propre à leur développement. Mais examinons les mousses et les lichens sous le rapport des différences que les uns et les autres nous présentent comme corps organisés ; et voyons-les ensuite par leurs côtés utiles.

On distingue les mousses en mousses d'arbres et mousses de terre. Les lichens forment une division d'un troisième genre. (*Voyez* le tableau ci-après et l'observation qui le précède.)

XLVIe TABLEAU.

Des Mousses et Lichens.

LES mousses ont des usages relatifs à leur origine. On a remarqué que les mousses d'arbres
participoient de l'odeur ou arome des écorces
de chacun des arbres sur lesquels elles naissent.
On les emploie, en médecine, soit en poudre,
soit en décoction, comme ayant une propriété
astringente.

Les parfumeurs font avec ces mousses le
corps de la poudre odorante qu'ils nomment
poudre de Chypre.

La mousse d'écorce est un puissant anthel-
mintique : on en fait des décoctions, un sirop,
une gelée.

La mousse commune est aussi employée
comme astringent. Mais son plus grand usage
est pour la décoration des parterres, des grottes
artificielles : elle conserve sa couleur verte, en
prenant soin de l'arroser souvent.

Les lichens sont des matières précieuses :
celui d'Islande fait aujourd'hui partie des ali-

ments : on en fait une gelée, un sirop souverain dans les maladies de poitrine.

Les lichens tartareux et *roccella*, entrent dans la composition de la pâte colorante nommée vulgairement *tournesol en pain.*

Des Mousses et Lichens.

DÉNOMINATION.

Mousses d'arbres.

du Chêne.

du Bouleau.

de l'Orme.

du Peuplier.

du Pommier.

du Poirier.

du Picéa.

du Pin.

du Sapin.

du Cèdre.

du Larix.

Mousses terrestres.

Mousse de Corse.

— marine.

Helminthocorthon.

Mousse commune.

Lichen d'Islande.

— Roccella, ou Pérelle.

— tartareux, etc.

DES CHAMPIGNONS.

Devons-nous considérer les champignons comme des plantes incomplètes, d'après l'opinion des plus célèbres botanistes? ou bien nous rangerons-nous du parti des physiciens naturalistes non moins célèbres, qui regardent les champignons comme des produits de la désorganisation commençante des végétaux, parmi lesquels la désorganisation complète est intervertie par une surabondance de fluide aqueux qui maintient dans les champignons un reste de puissance végétative ?

Sans doute les champignons sont des plantes incomplètes, puisqu'ils offrent les caractères d'un corps organisé végétal à qui il manque plusieurs parties; on n'y reconnoît ni racine, ni feuilles, ni parties sexuelles, ni fruits; mais on y remarque un pédicule qui s'élève en rond, et qui semble tenir lieu de tige : ce pédicule est terminé par un bouton, lequel s'élargit, et prend insensiblement la forme d'un chapiteau spongieux recouvert d'une membrane un peu épaisse, laquelle se sépare assez facilement du corps principal de la tête du champignon. L'intérieur de cette tête est garni de feuillets fistuleux placés les uns à côté des autres, et les bota-

nistes ont reconnu que ces feuillets renfermoient
l'organe propre à la multiplication des espèces.

Les naturalistes opposent à cette opinion,
qui place les champignons au rang des plantes,
une objection à laquelle il me semble difficile
de répondre. Si l'on remonte à l'origine de ces
corps, on aperçoit que les corps fibreux ou
ligneux de tous les végétaux, soit vivacès, soit
séparés de terre, et même travaillés, sont habiles
à produire des champignons dès qu'ils sont placés
dans un lieu très humide. Les champignons
qui naissent sur des couches de fumier préparées
avec du crottin de cheval et du terreau, ne
s'élèvent sur ces couches qu'autant que l'on
multiplie les irrorations. Le bois de bouleau,
coupé menu, disséminé sur la terre, et arrosé
souvent, donne naissance à des champignons :
la première origine de ces corps n'est donc pas
due nécessairement à une graine, à moins que
l'on ne regarde comme telle le corps ligneux
lui-même des végétaux. Mais la prétendue
graine des champignons ne se rencontre pas
seulement dans leurs follicules fistuleuses des-
séchées : si l'on recueille les petits filets blancs
déliés, qui sont les premiers rudiments qui paroissent sur les couches de fumier de crottin de
cheval, et qu'on les fasse sécher, ces petits

filets donnent des champignons en les parsemant
sur des couches, et en les arrosant souvent. La
graine de champignon n'est donc pas un produit
essentiel du végétal arrivé à sa perfection. Nous
laissons aux lecteurs à prononcer en faveur de
l'une ou l'autre opinion, des naturalistes ou des
botanistes.

Il y a beaucoup de choix dans les champignons : ceux qui sont un peu gros, ou qui ont
vieilli sur couches, sont d'un usage vénéneux.
Les champignons les plus savoureux et les moins
insalubres, sont de difficile digestion. (*Voyez*
l'observation ci-après.)

XLVIIe TABLEAU.

Des Champignons.

OBSERVATIONS.

ON fait usage des champignons dans les cuisines : on doit les choisir plutôt petits que grands
et gros, blancs en-dessus, rougeâtres en-des-
sous, faciles à rompre, d'une odeur agréable
et d'une saveur douce.

Pour se servir des champignons, il faut les
dépouiller de leurs premières enveloppes, couper

l'extrémité inférieure du pédicule, et les faire tremper dans l'eau avant de les assaisonner.

Malgré les précautions dans le choix, on peut être exposé à des accidents presque inévitables qu'il est bon de connoître, en indiquant les moyens d'y remédier : on éprouve, dans ces circonstances, une grande pesanteur dans l'estomac, une chaleur brûlante, un gonflement dans la gorge ; le visage et les yeux s'enflamment, et la respiration est gênée. Les moyens curatifs sont, les boissons acides au vinaigre, au verjus, au suc de citron ; et au besoin d'exciter le vomissement (1).

Les champignons qui naissent sur les vieux arbres et les meubles de bois pourri ne sont d'aucun usage.

La vesse de loup est un champignon vénéneux, d'une saveur âcre, brûlante : on s'en sert extérieurement en chirurgie, pour ronger les chairs ichoreuses des plaies.

_____

(1) On assure qu'en faisant cuire les champignons avec un ognon rouge, assez gros pour qu'il reste dans son entier jusqu'à leur parfaite coction, on reconnoît s'il en est quelques uns de nuisibles. Si l'ognon conserve sa couleur, les champignons sont salubres : si l'ognon devient noir, les champignons sont insalubres. Cette expérience me semble digne d'être répétée, et confirmée par l'analyse chimique.

Des Champignons de couche.

DÉNOMINATION. ⎰ Morille.
⎱ Mousseron.
⎱ Truffle.
⎱ Vesse de loup.

DES EXCROISSANCES FONGUEUSES.

Les excroissances fongueuses sont des produits d'une déviation du suc de quelques végétaux, laquelle est opérée par la piqûre de certains insectes.

Il n'est pas de végétal qui ne soit entouré
d'insectes voraces et rongeurs qui cherchent à
vivre aux dépens de sa substance. Tantôt ce
sont les racines, tantôt ce sont les tiges, d'autres
fois ce sont les feuilles; ce sont encore les fleurs
et les fruits qui servent de pâture à ces insectes.
Quant aux excroissances fongueuses, elles naissent sur les tiges de certains arbres, tels que le
mélèze, le chêne, l'amadouvier, le sureau, etc.
Ces excroissances sont occasionnées par la piqûre d'une espèce de pucerons dont la trompe
est plus ou moins fine, et dont ils se servent
comme d'une tarière : ils font pénétrer cette
trompe à travers les trois écorces jusqu'à l'aubier
de la tige, afin d'aspirer l'aliment qui leur est
nécessaire. La trompe étant retirée, il reste une

forure qui permet la déviation et l'exsudation du suc propre du végétal. Plus la forure est fine, plus l'excroissance est fongueuse; si, au contraire, la forure est plus grosse, l'excroissance est ramifiée, et on y reconnoît une sorte d'organisation végétale prolongée.

Les excroissances fongueuses sont des protubérances plus ou moins volumineuses, plus ou moins fibreuses ou spongieuses, généralement comprises dans la classe des agarics.

On fait usage de ces produits d'accidents, et non d'une maladie des végétaux, comme on le pensoit autrefois, dans la médecine, la chirurgie, la pharmacie et la pyrotechnie.

XLVIII.ᵉ TABLEAU.

Des Excroissances fongueuses.

OBSERVATIONS.

La liste des agarics est très nombreuse; mais il n'entre pas dans le plan de cet ouvrage de signaler tous les noms d'un même ordre de corps. Faire connoître les principaux usages auxquels on peut les appliquer, est le seul but que nous nous sommes proposé. Déjà nous les avons indiqués en annonçant que ces excroissances étoient applicables aux trois branches de guérir, et à la pyrotechnie; mais celles qui sont destinées à préparer les mèches avec lesquelles on se procure du feu au moyen du choc des pierres scintillantes avec l'acier ont besoin d'une préparation particulière. On les frappe sur un billot avec un maillet, pour en assouplir la fibre; ensuite on les imprègne d'une dissolution de poudre à canon, et on les fait sécher à l'étuve. Souvent on se contente de les tremper dans une dissolution de nitrate de potasse, et de les faire sécher. Dans cet état, ces agarics portent le nom d'*amadou*.

L'agaric blanc est légèrement purgatif hy-
dragogue.

L'agaric de chêne arrête les hémorrhagies.

Des Excroissances fongueuses.

DÉNOMINATION. {
Agaric blanc.
— de Chêne.
— de Sureau, ou Oreille de Juda.
Bolètes.
Amadou.
}

DES GALLES-INSECTES.

Les galles-insectes sont des produits qui naissent sur les feuilles de certains végétaux, et
qui participent des principes des végétaux
mêmes sur lesquels ils ont pris naissance. On
leur a donné le nom de *galles-insectes,* parceque ce sont des protubérances arrondies, occasionnées par la piqûre des insectes, lesquelles
adhèrent sur les feuilles végétales comme la
gale adhère sur la peau des animaux.

Les galles sont bien des produits d'une excrétion forcée comme les excroissances fongueuses, mais il existe entre ces deux genres
de produits excrétoires une différence insigne.
Nous avons fait remarquer que les excroissances fongueuses procédoient d'une déviation

de suc occasionnée par la piqûre des insectes sur les tiges des végétaux; mais l'animal, après avoir fait sa piqûre, retire sa trompe et laisse la forure ouverte : les galles au contraire sont produites par une piqûre opérée sur les feuilles des végétaux, et l'animal y dépose ses œufs, se loge à l'endroit même de la piqûre, et se trouve entouré du fluide végétal qui exsude. Les œufs déposés éclosent dans l'intérieur de la galle, et les nouveaux insectes qui naissent s'y alimentent jusqu'à ce qu'ils soient assez forts pour se pratiquer des issues et s'en éloigner.

Quelques naturalistes ont placé les galles-insectes parmi les animaux ; mais les principes que l'on en obtient par l'analyse chimique se rapportent aux principes immédiats des végétaux, et assignent naturellement leurs places à la suite des productions végétales.

XLIX.e TABLEAU.

Des Galles-insectes.

OBSERVATIONS.

LES galles recèlent des principes analogues à ceux des végétaux sur lesquels elles naissent. L'usage, l'expérience, et mieux encore l'analyse chimique., ont fait connoître la nature de leurs principes , et le genre d'utilité auquel les uns et les autres pouvóient être propres.

. Toutes les espèces de galles-insectes sont en général utiles à la médecine , à l'art du teinturier. Les unes, telles que la bazgendge, la graine d'écarlate, contiennent un principe colorant : les autres., telles que les galles de chêne, contiennent de l'acide gallique et du tannin ; en sorte qu'elles peuvent servir à faire de l'encre et de la teinture en noir, et à tanner les peaux des animaux, l'acide gallique ayant la propriété de précipiter en noir la dissolution du sulfate de fer, et de former un gallate de fer ; le tannin ayant celle de concréter la gélatine animale. Enfin il est une espèce de galle qui naît sur

les sauges du Levant, et que *Tournefort* a dit
être bonne à manger.

Des Galles-insectes.

DÉNOMINATION.	Bazgendge des Turcs.
	Bédéguar, ou l'éponge d'É-glantier.
	Galle de Chêne, ou Noix de galle.
	Galle, ou Pomme de Sauge.
	Kermès on Graine d'écar-late (1).

DES PRODUITS IMMÉDIATS DES VÉGÉTAUX.

En faisant l'histoire générale, mais très abrégée, des végétaux, nous nous sommes promis
de la terminer par celle de leurs principes immédiats, afin de compléter la description de
l'utilité que l'homme peut tirer de cet ordre de
corps organisés. N'oublions pas que nous avons
établi une différence insigne entre ce que l'on
doit comprendre sous le nom de *productions*,
et sous celui de *produit*. A mesure que nous
avançons dans l'étude de l'histoire de la nature, nous remarquons que, pour la bien ap-

---

(1) Cette galle sert à la teinture. On en fait une fécule
colorante, un sirop à l'usage de la médecine.

prendre, que pour la connoître par ses côtés
les plus utiles; nous sommes obligés d'arrêter
nos regards , de porter notre examen, non
seulement sur les parties extérieures des corps
qui se présentent à nos yeux, mais encore sur
celles qui les constituent intérieurement. Insensiblement nous apercevons qu'outre les caractères qui signalent les corps organisés avec
des différences si marquées entre eux, il en est
quelques uns qui sont propres aux espèces en
particulier. Ne sortons pas du cercle des végétaux, dont nous avons à nous occuper encore,
pour faire connoître que, si nous sommes fondé
à les comprendre dans le rang des productions
immédiates de la nature, ils sont eux-mêmes
constitués de produits qui leur appartiennent
immédiatement, et qui font partie des principes qui les composent, sans être absolument
nécessaires à leur organisme végétal.

Les végétaux ont besoin d'arriver à leur maturité positive ou absolue pour être pourvus
de tous les principes qui doivent leur appartenir : cette vérité est tellement démontrée et
reconnue, qu'il n'est pas un cultivateur qui ne
sache que la pomme de terre, par exemple, ne
contient point ou presque point de fécule que
la plante n'ait consommé tous les actes de la

végétation , et que la racine n'ait été reposée
en terre au moins un mois après la floraison
du végétal. Ce que nous disons de la fécule,
nous pouvons le dire de tous les produits immédiats des végétaux , dont nous allons consigner le nombre et signaler les propriétés physiques et chimiques. Ces produits ou principes
de végétaux sont tous le résultat de l'élaboration parfaite de la nature. Ils prennent le nom
de *produits* ou *principes immédiats* , toutes
les fois qu'ils peuvent être extraits des végétaux , tels qu'ils s'y rencontrent ou qu'ils y
existent. Plusieurs de ces principes se présentent par une exsudation naturelle, tels que la
sève, les baumes , les gommes , les résines , etc.
Dans cette hypothèse , les végétaux subissent
l'analyse mécanique naturelle ; mais l'art parvient à favoriser cette exsudation, au moyen
des incisions pratiquées avec des instruments
appropriés ; alors ces produits , quoique immédiats, procèdent de l'analyse mécanique artificielle.

Il est quelques uns des principes immédiats
des végétaux , tels que l'amidon, le gluten, le
sucre , les huiles fixes et volatiles , les sucs de
plantes, les eaux essentielles , l'arome, l'extractif , le tannin , etc., etc. , pour lesquels on est

obligé d'employer des moyens analytiques, non
seulement mécaniques, mais même chimiques,
afin de les obtenir séparément ; mais quel que
soit le mode d'analyse que l'on emploie, les
produits obtenus ne sont pas moins immédiats ;
l'art n'ajoute ni ne change aucunement leur
essence ; et sans nous permettre d'indiquer les
moyens à l'aide desquels on parvient à obtenir
isolément ces principes, nous devons faire connoître ceux-ci par leurs noms, afin de pouvoir
faire la description de leur utilité.

Les principes immédiats des végétaux sont
au nombre de vingt-un, sans y comprendre
l'arome ou principe odorant, qui se fait bien
reconnoître par le sens de l'odorat, mais qui
ne peut pas être soumis à l'exercice des autres
sens, lorsqu'il n'est pas enchaîné ou retenu
dans un corps quelconque. Ces principes sont :

1° La Sève.
2° Le Muqueux.
3° Le Sucre.
4° Les Acides végétaux.
5° La Fécule.
6° Le Gluten.
7° L'Huile fixe.
8° La Cire et le Suif des végétaux.
9° L'Huile volatile.
10° Le Camphre.
11° La Gomme-résine.
12° La Résine.
13° Les Baumes.
14° Le Cahou-tchouc.
15° L'Albumine végétale.
16° La Gélatine.
17° L'Extractif.
18° L'Extractif colorant.
19° Le Tannin.
20° Le Liège ou Suber.
21° Le Ligneux.

Faire connoître chacun de ces principes en particulier , est une obligation indispensable dans un ouvrage tel que celui dont le but est de soumettre tous les corps connus sous l'empire de l'art et de l'industrie, et d'en décrire l'utilité. Sans doute cette tâche difficile a été remplie par des hommes célèbres ; mais il reste à rapprocher dans un même cadre les noms de ces principes conformément à leur analogie respective : nous connoîtrons par ce moyen leur nature essentielle, leur origine, leurs propriétés et les principales espèces.

L° TABLEAU.

De la Sève des Plantes, et des Sucs exprimés.

OBSERVATIONS.

La sève est un principe immédiat des végétaux, qui s'élève de la racine d'une plante quelconque, à la faveur des organes suçoirs ; pour se porter dans la tige et se distribuer dans toutes ses parties. Mais les naturalistes , les botanistes et les chimistes sont-ils bien d'accord sur la

signification propre du mot *sève* ? Les premiers
entendent par ce mot le fluide aqueux qui s'é-
lève avec plus ou moins d'abondance dans les
tiges des plantes lorsqu'elles commencent à paroître, si ce sont des plantes herbacées, ou dans
les premiers temps du printemps, si ce sont des
plantes vivaces ou pérennelles. Cette sève alors
n'a point ou presque point de saveur, et n'est
pas conséquemment un principe immédiat
dont on puisse tirer un grand parti. C'est ainsi,
par exemple, que la vigne exsude une assez
grande quantité de fluide séveux lors du renouvellement du printemps : ce fluide n'a nulle
saveur ni propriété réelle, quoiqu'on lui ait attribué une propriété ophthalmique. C'est ainsi,
pour citer un second exemple, que la sève nouvelle de l'érable n'est nullement sucrée, tandis
que le suc qui découle du même arbre, lorsqu'il est vieux et à l'époque de sa maturité
positive, fournit une assez grande quantité de
sucre.

Les chimistes ont compris sous le nom de
sève les sucs propres des végétaux qui sont
arrivés à leur maturité relative et absolue; en
effet, ce n'est qu'à cette époque que la sève
peut être considérée comme un principe immédiat.

DE LA SÈVE ET DES SUCS EXPRIMÉS.

On conçoit que le fluide séveux offre autant
de variétés de principes qu'il y a d'espèces végétales. La nature nous offre les premiers produits de ce genre par une exsudation qui
s'opère d'elle-même ; mais l'art chimique nous
a fait découvrir des propriétés dans les divers
sucs des végétaux, que nous aurions toujours
ignorées, sans l'art important de l'analyse. Nous
savons aujourd'hui que le hêtre, le chêne,
fournissent un suc propre qui contient de l'a-
cide gallique et du tannin ; que le maïs ou blé
de Turquie, l'érable, le frêne et plusieurs racines et fruits contiennent du sucre. S'il falloit
dénombrer tous les principes que l'on peut rencontrer dans les sucs des plantes, il faudroit
répéter les noms des dix-neuf premiers principes immédiats que nous avons dénommés
dans l'article général qui précède celui-ci : nous
les reconnoîtrons tous comme faisant parties
des sucs propres des végétaux à mesure que
nous les ferons connoître séparément. Contentons-nous pour l'instant de comprendre sous
le nom de sève, considérée dans son état de
perfection, les sucs des plantes dont l'usage
semble plus particulièrement s'appliquer à l'art
de guérir.

Les sucs des plantes sont composés d'un fluide extractif quelquefois incolore, le plus habituellement coloré ; d'une matière colorante verte, et d'albumine végétale. Nous aurons occasion de parler de ces deux derniers séparément. Quant aux sucs exprimés des végétaux, nous citerons les plus importants à connoître par leurs propriétés médicinales : il viendra une autre occasion où nous signalerons leurs propriétés chimiques.

De la Sève des Plantes, ou des Sucs exprimés.

Sucs anti-scorbutiques

DÉNOMINATION. {
de Beccabunga.
de Cochléaria.
d'Oseille.
de Cresson.
de Raifort, etc.

Sucs amers

DÉNOMINATION. {
de Chicorée sauvage.
de Fumeterre.
de Pissenlit, etc.

Sucs apéritifs

DÉNOMINATION. {
de Bourrache.
de Buglosse.
de Cerfeuil, etc.

Suite de la Sève des Plantes, ou des Sucs exprimés.

Sucs tempérants

DÉNOMINATION. { de Laitue.
d'Endive ou Scariole.
de Pourpier.

Nota. Il nous suffit de citer les espèces de sucs de plantes, dont on fait le plus d'usage, pour donner une idée de ce genre de produits immédiats.

Nous n'avons pas cité les sucs des plantes aromatiques, par la raison que, pour les obtenir, on est obligé de piler ces plantes en leur ajoutant de l'eau.

LIᵉ TABLEAU.

Du Muqueux, ou Mucilagineux, ou des Gommes.

OBSERVATIONS.

LE principe muqueux ou mucilagineux est très répandu dans la nature parmi les végétaux : on le rencontre dans plusieurs racines, telles que celles de guimauve, de consoude, d'ognon de lis, dans plusieurs espèces de fruits ; dans certaines semences, telles que celles de lin, de fenugrec, de coings, de psyllium, etc. ; et dans le suc propre de certains

arbres, lesquels nous fournissent les gommes
proprement dites.

Il n'existe aucune différence essentielle dans
la nature du principe appelé *muqueux*, *mucilagineux*, *gommeux*; et la différence, dans la
dénomination, n'est établie que sur là consistance sous laquelle ce principe nous est offert;
c'est ainsi, par exemple, que l'on donne le nom
de *mucilage* au principe muqueux demi-fluide,
et celui de *gomme* au même principe d'une
consistance solide. —

Le muqueux pur n'a ni odeur, ni saveur,
ni couleur; il se dissout dans l'eau sans en trou-
bler sensiblement la transparence. On peut regarder le muqueux comme un composé de carbone 23,08, d'hydrogène 11,54, d'oxigène
65,38.

Le muqueux est nourrissant, mais de difficile digestion : si on l'unit au sucre, il devient
un aliment savoureux et digestible.

On se sert du muqueux dans les cataplasmes,
dans les pâtes sucrées; dans les pastilles ou tablettes de pharmacie, dans les ouvrages montés
en sucre.

Le muqueux, connu sous le nom de *gomme*
par les artistes, est employé dans les arts du
peintre, du doreur, du teinturier, dans les

fabriques d'encre, de noir pour les corroyeurs, dans les fabriques d'indienne.

La connoissance du muqueux, par les principes qui le constituent, a donné lieu à des découvertes importantes en chimie; on lui reconnoît la propriété de décomposer les acides nitrique et sulfurique.

Du Muqueux, ou Mucilagineux.

DÉNOMINATION.	Gommes d'Abricotier.
	— d'Acajou.
	— Adragant.
	— d'Agaty.
	— Arabique ou Thébaïque.
	— de Bassora.
	— de Cerisier.
	— de Gayac.
	— de Gehuph.
	— de Monbain.
	— de Pays.
	— de Prunier.
	— de Savonnier.
	— de Sénégal.
	— de Sarcocolle ou Colle-chair.
	— de Turique.

Nota. Il y a bien du choix dans ces gommes, sous le rapport de leur pureté, de leur transparence, de leur blancheur, et de leur consistance ou solidité.

LIIe TABLEAU.

Du Sucre, ou Suc sucré.

OBSERVATIONS.

Le sucre ou suc sucré est un produit immédiat
qui est très abondamment répandu parmi les
végétaux ; on le rencontre aussi parmi certains
produits des animaux, notamment dans le lait.
Mais si le sucre est un produit immédiat, la nature ne nous le présente pas dans son état de
simplicité ou de pureté absolue ; il se rencontre
constamment uni aux principes muqueux dans
des proportions plus ou moins abondantes ; et
ce n'est qu'à l'aide d'un travail particulier que
l'on parvient à obtenir le véritable produit immédiat auquel on a donné le nom de *sucre* :
ajoutons que le sucre le plus pur qui sort de
nos raffineries n'est pas totalement dépouillé
du principe muqueux qui est étranger à son
essence, et que ce n'est que par l'analyse chimique la plus exacte que l'on peut amener le
suc sucré à l'état de sucre essentiel, ou produit
immédiat proprement dit.

Cette distinction dans la nature du sucre,
considérée comme produit immédiat, et rela-

tive à sa plus ou moins grande pureté, explique la cause des divers effets qu'il produit sur l'organe du goût, et celle des divers phénomènes auxquels il donne lieu. Plus le sucre est pur, moins sa saveur semble douce et sucrée ; mais alors il ne change presque pas celle des autres corps auxquels on l'unit, et il devient à leur égard un plus sûr préservatif contre les atteintes de la fermentation.

Le sucre se rencontre dans les racines de plusieurs végétaux, notamment dans celles de la betterave, du panais, de la carotte, du cherní, du salsifi, de la réglisse.

On le trouve, parmi les tiges, dans celles du maïs, du bouleau, du frêne, de l'érable, et singulièrement dans la canne à sucre.

Parmi les feuilles, on rencontre ce principe sur celles d'un petit arbrisseau appelé *agul* ou *alhagi*, lequel croît en Arabie, sur les feuilles du mélèze, du frêne ; ce suc sucré est connu sous le nom de *manne*.

- Parmi les fleurs, on le trouve dans le nectaire et dans les ovaires ; c'est là que les abeilles vont l'aspirer pour composer leur miel.

Parmi les fruits, le sucre se rencontre dans les fruits à pepins, tels que la poire, la pomme ; dans ceux à baies, les fraises, les framboises, les groseilles, les mûres, les raisins (1), les figues, le genièvre, etc.; dans les fruits à noyaux, tels que les cerises, les prunes, les abricots, les pêches, les dattes, les jujubes, etc.

Parmi les semences ou graines, il existe dans toutes les graines céréales, dans le maïs et le riz.

Le sucre est un excellent aliment dans les végétaux, et un assaisonnement agréable dans certaines cuisines, dans les mets d'offices, dans les pâtisseries, etc. Il est la base des conserves, des électuaires, des sirops, des pastilles, des confitures. C'est avec le sucre que les confiseurs préparent ces jolis ouvrages qui font l'admiration des connoisseurs et des amateurs.

Le sucre est un puissant préservatif contre la fermentation, lorsqu'il a été employé parfaitement pur et dans des proportions convenables.

On obtient du principe muqueux sucré, de quelque part qu'il soit extrait, des liqueurs vineuses, des espèces d'eaux-de-vie ou liqueurs alcoholiques, par suite de la fermentation et par la distillation.

Nous comprenons dans ce même tableau tous les corps sucrés les plus généralement connus que produisent les végétaux. Que l'on ne soit

(1) *Voyez* l'Instruction sur les moyens de suppléer le sucre, et d'améliorer les vins du nord et du midi, par M. *Parmentier*, Cet ouvrage est bien digne de son auteur, et de sa philantropie.

pas surpris d'y rencontrer le miel et le lait,
l'un et l'autre sont d'origine végétale.

Des Sucres, ou Sucs sucrés.

DÉNOMINATION.

Cassonnade { blanche. brune. grise.

Mélasse, ou Sirop de Sucre.

Moscouade { brute. grise. rouge.

Sucre blanc.
— cristallisé ou candi.
— royal ou superfin.
— de Betterave.
— d'Érable.
— de Frène.
— de Lait.
— de Rave.

Sucs gommeux sucrés.

Manne. Toutes ses espèces.
Miel blanc.
— de Narbonne.
— jaune.
— commun.
Moût de raisin.
Suc sucré de Chiendent.
— — de Genièvre.
— — de Réglisse.
— — de Polypode.

Nota. On peut extraire le sucre de ces sucs épaissis, par l'intermède de l'alcohol.

L'usage des mannes, des miels, des sucs sucrés dénommés, est généralement connu.

LIII.ᵉ TABLEAU.

Des Acides végétaux.

OBSERVATIONS.

LES acides végétaux sont des principes immédiats qui se rencontrent très abondamment, et
sous plusieurs états, dans les végétaux. Ces
acides sont au nombre de sept, savoir : les
acides gallique, benzoïque, succinique, malique, citrique, tartareux et oxalique.

Ce qu'il y a de remarquable à l'égard des
acides végétaux, c'est qu'ils sont tous composés
de deux radicaux (le carbone et l'hydrogène)
combinés avec l'oxigène, et que, quoique les
principes qui les constituent soient les mêmes,
chacun de ces acides a des propriétés chimiques
qui lui appartiennent.

Ces acides, considérés comme principes immédiats, nous sont offerts par la nature sous
l'état pur ou natif, et sous l'état combiné avec
une ou plusieurs bases salifiables avec excès
d'acide.

On appelle *acides natifs* ceux qui existent

tout formés dans les corps d'où on peut les obtenir à l'aide de l'analyse ; tels sont les acides
gallique, benzoïque, succinique, malique et
citrique.

Les acides combinés avec une ou plusieurs
bases avec excès d'acide prennent le nom d'*acidules*; tels sont les acidules tartareux et oxalique.

L'examen des acides végétaux, comme principes immédiats, excite l'attention du naturaliste philosophe et chimiste qui se plaît à suivre
la nature dans toutes ses productions; il remarque qu'elle est d'une fécondité étonnante dans
ses ressources et dans ses moyens pour multiplier
ses produits. Consultons le nombre des espèces
végétales, ou des produits des végétaux dans
lesquels on rencontre les acides végétaux.

1° L'acide gallique existe dans les écorces du
chêne, du frêne, du hêtre, dans le suc propre
de ces mêmes arbres. On le trouve dans les
feuilles de bruyère, de rhédon, de sumac;
dans les fleurs de balaustes, de roses rouges,
de sumac; dans les écorces du fruit du grenadier, dans la galle de chêne, etc. etc.

2° L'acide benzoïque existe non seulement
dans le benjoin, mais dans tous les baumes
vrais : on le rencontre aussi dans l'urine du
cheval, de la jument; et il n'en est pas moins

d'origine végétale, quoiqu'il existe dans cette excrétion animale.

3° L'acide succinique est un produit immédiat des bitumes dont l'origine est végétale.

4° L'acide malique se rencontre dans tous les fruits acerbes, dans les fruits naissants, dans les parties de la vigne qui commencent à se développer; et ce qui frappe l'imagination du chimiste observateur, c'est que cet acide malique est le premier degré d'acidification des végétaux, et que, successivement et à mesure que l'acte de la végétation se poursuit, il passe à l'état d'acide tartareux.

5° L'acide citrique est tout formé dans le suc des citrons et des limons; il ne s'agit que de le séparer du muqueux auquel il est uni.

6° L'acide tartareux est un produit de l'acte de la végétation plus avancée. Tous les végétaux qui commencent à fournir de l'acide malique finissent par fournir de l'acide tartareux. Cet acide est combiné avec la potasse et la terre calcaire dans les végétaux mêmes, avec excès d'acide, d'où il prend le nom d'*acidule* : il est répandu dans un grand nombre de plantes, et très abondamment, sur-tout dans la vigne, dans le raisin qui n'est pas mûr, dans les prunes acerbes, dans les pommes et les poires à cidre.

Le vin, le cidre et le poiré contiennent beaucoup de cet acidule.

7° L'acidule oxalique se rencontre dans le duvet des pois chiches, dans toutes les oseilles, principalement dans l'*oxalis acetosella*, et le *rumex acetosa* de **Linnée.** On peut remarquer qu'il s'y trouve combiné avec la potasse : cette terre alcaline est donc un principe des végétaux.

L'utilité que l'on tire des acides végétaux se rapporte à la pharmacie, à la chimie, à l'art de guérir, à l'art du tanneur, à celui de la teinture en noir : plusieurs d'entre eux servent de réactifs dans l'analyse des eaux minérales. L'acide succinique a été reconnu par M. *Klaproth,* célèbre chimiste de Berlin, pour être très propre à séparer le fer allié à d'autres métaux, parce-qu'il forme avec ce métal un sel déliquescent.

Des Acides végétaux.

DÉNOMINATION.	Acides Gallique.
	—— Benzoïque.
	—— Succinique.
	—— Malique.
	—— Citrique.
	—— Tartareux.
	—— Oxalique.

Nota. Les acides camphorique, mucite et subérique, sont des acides végétaux factices.

L'acide acétique, ou vinaigre, est un produit de la fermentation ou de l'oxigénation du vin.

LIV.ᵉ TABLEAU.

Des Fécules.

OBSERVATIONS.

La fécule est un principe immédiat des végétaux, qui n'est bien connu que depuis quelques
années, et que l'on peut regarder comme un
produit de la maturité positive des parties des
végétaux dans lesquelles ce principe se rencontre.
Les caractères qui signalent la fécule, sont sa
blancheur, son état pulvérulent lorsqu'elle est
sèche, son insolubilité dans l'eau froide, et la
propriété qu'elle a de former une colle avec
l'eau chaude. Les principes qui la constituent,
sont le carbone et l'hydrogène.

La fécule ne fait point partie de l'organisme
végétal ; elle s'y trouve seulement interposée,
et on peut l'obtenir isolée par une opération
purement mécanique : on la retire des racines,
des fruits de certains végétaux, et notamment
des grains frumentacés.

Les fécules sont d'une utilité importante dans
l'économie domestique, comme substance ali-

mentaire ; en médecine, comme matière émol-
liente, adoucissante; dans l'art du papetier-col-
leur, comme fournissant à l'eau chaude une
matière collante. Les gaziers, les blanchisseuses
en font usage pour donner de la fermeté à leurs
ouvrages. Les parfumeurs et amidonniers en
font un objet de commerce considérable : les
confiseurs en forment une pâte pour mêler avec
le sucre, et disposer leurs ouvrages en sucre
monté.

Quelques auteurs ont placé le sagou au rang
des fécules, quoique ce soit une substance
médullaire d'une espèce de palmier nommé
landan. D'autres ont pensé que le lichen d'Islande contenoit un principe analogue à la fécule;
mais nous remarquerons que le lichen ne contient point de fécule.

Il nous a paru intéressant de faire connoître
les espèces de fécules par leurs noms, et ceux
des parties des végétaux d'où on peut les retirer.

Des Fécules.

Fécules de Racines

Fécules de Briome.

DÉNOMINATION.

— de Colchique.
— de Chiendent.
— de Chélidoine.
— de Filipendule.
— de Glaïeul.
— d'Hellébore.
— de Mandragore.
— de Pied de veau, ou
    Arum.
— de Pommes de terre.
— de Serpentaire.
— de Manioc ou de Racine de Cacavi, *vulgò* Cassave.

Fécules de Fruits

DÉNOMINATION.

— de Pommes.
— de Marrons d'Inde.
— de Gland de Chêne.
— de fruit du Mancenillier.

Fécules de Grains

DÉNOMINATION. { — de From. / — d'Orge. } Amidon { fin. / com.

LVe TABLEAU.

Du Gluten.

OBSERVATIONS.

LE gluten est un produit immédiat des végétaux, dont le caractère chimique appartient
simultanément aux végétaux et aux animaux,
c'est-à-dire qu'il contient de l'azote, principe
qui caractérise les animaux. On sépare le gluten
des farines de blé et de seigle réduites en pâte,
et soumises à l'action continuée d'un filet d'eau.

Le gluten est utile à la panification : on prépare avec cette matière un vernis qu'on peut
employer pour protéger la peinture et la boiserie
contre les affections de l'air : ce même vernis
sert d'excipient pour les matières colorantes, et
pour les faire adhérer sur les corps même les plus
lisses. Les couleurs végétales s'unissent au gluten beaucoup mieux que les couleurs animales
et minérales. Le gluten et la chaux forment un
lut très adhérent et très solide, propre à recoller
les porcelaines brisées, et à retenir les pièces de
rapport.

Du Gluten.

DÉNOMINATION. $\begin{cases} \text{Gluten de Blé, ou Froment.} \\ \text{— de Seigle.} \end{cases}$

LVI° TABLEAU.

Des Huiles grasses, ou fixes.

OBSERVATIONS.

LES huiles grasses ou fixes sont des principes immédiats des végétaux, composés d'hydrogène, de carbone et d'oxigène, dans des proportions qui varient beaucoup entre elles, et d'où il résulte presque autant de différences qu'il y a d'espèces.

On distingue les huiles grasses, en général, en huiles végétales et animales : nous remettons à parler de ces dernières dans une autre circonstance.

Les caractères qui appartiennent aux huiles grasses végétales, sont : 1° la fixité, c'est-à-dire qu'elles ne peuvent se volatiliser par l'action du calorique sans éprouver de décomposition; 2° leur insolubilité dans l'eau; 3° leur immiscibilité dans ce liquide; 4° leur miscibilité dans ce fluide aqueux, par l'intermède des bases alcalines; 5° la propriété qu'elles ont de former des savons avec les bases alcalines caustiques.

Les huiles grasses sont inflammables, et insolubles dans l'alcohol; elles sont plus ou moins congélables; quelques unes sont inflammables, d'autres non inflammables par l'acide nitrique. Elles diffèrent encore par leur consistance; il en est de très fluides, de demi-fluides, et de solides; ces dernières portent le nom de *cire végétale. (Voyez* le tableau ci-après.)

Il est encore une espèce d'huiles mixtes qui participent des huiles fixes et volatiles; nous citerons les espèces à la suite de la cire végétale, comme remplissant l'intervalle qui sépare les huiles fixes des huiles volatiles.

Les huiles dites *siccatives* sont celles qui se sèchent à l'air, qui se congèlent difficilement, qui forment des savons mous avec les alcalis caustiques, et qui s'enflamment par leur contact avec l'acide nitrique.

Les huiles grasses ou fixes se rencontrent dans les fruits et les semences émulsifs ou huileux (*Voyez* les tableaux XXXII et XLII, pages 232 et 257.)

Ces huiles sont d'une grande utilité: on en

fait usage dans les cuisines; il en est qui sont spécialement destinées à l'usage de la lampe, d'autres qui servent à la peinture, aux horlogers; plusieurs sont à l'usage des parfumeurs, quelques unes servent à la fabrication du savon. Presque toutes sont à l'usage de la pharmacie et de la médecine. Elles servent encore à la préparation des vernis gras, des ciments et des mastics. L'art est parvenu à épurer les huiles grasses, à les rendre presque incolores et inodores.

Des Huiles grasses, ou fixes.

DÉNOMINATION.

Huiles d'Amandes { douces. / amères.
— d'Aouara ou de Palme.
— de Ben.
— de Faînes.
— de Fèves purgat.
— de Grains de Tilli.
— de Noisettes.
— de Noix.
— de Noix d'acajou.
— d'Olives.
— de Pignons doux.
— de Pignons d'Inde.
— de Palma Christi, ou de Kerva, ou de Ricin.
— de Pistache.

Suite des Huiles grasses, ou fixes.

Huiles de Noyaux d'Abricots.
——————— de Cerises.
——————— de Pêches.
— de Sem. de Carthamé.
——————— de Chenevis.
——————— de Citrouille.
——————— de Colsa.
——————— de Concombre.
——————— de Courge.

DÉNOMINATION.

——————— de Jusquiame.
——————— de Lin.
——————— de Melon.
——————— de Moutarde.
——————— de Navette, ou
Navet sauv.
——————— d'OEillet, ou
Pavot noir.
——————— de Pavot blanc.
——————— de Sapotille.
——————— de Sésame, ou
Jugoline.

LVIIe TABLEAU.

De la Cire, ou Suif végétal.

OBSERVATIONS.

LES chimistes, d'accord avec les naturalistes, ont admis au nombre des principes immédiats des végétaux les espèces d'huiles solides ou concrètes que l'on peut obtenir à l'aide de l'analyse mécanique ou chimique de certains fruits ou semences.

Les anciens avoient reconnu ces sortes d'huiles, et ils les distinguoient par leur consistance, qui a quelque analogie avec celle de la cire; on leur donna successivement le nom d'*adipociré;* aujourd'hui elles sont comprises sous l'acception de *cire* ou *suif végétal.*

Nous distinguerons ces sortes de cire ou suif en simples et mixtes. Les premières ont tous les caractères qui appartiennent aux huiles grasses ou fixes : elles sont inflammables, insolubles dans l'eau et dans l'alcohol, et habiles à former des savons avec les alcalis caustiques.

Nous devons un très bon mémoire à *Charles*

Louis Cadet, sur la semence du *myrica* dont il
a extrait, par l'analyse chimique, une excellente
cire végétale. Déjà l'on s'occupe en France de
la culture de l'arbre *myrica,* et nous espérons
pouvoir un jour suppléer au besoin la cire
des abeilles. Nous connoissions déjà la cire de
la Louisiane, le suif ou beurre de galé, l'huile
de cacao, dont on fait d'excellentes bougies, et
dont le principal usage est réservé pour la médecine et la parfumerie. Nous connoissions aussi
l'huile de laurier, dont la consistance est solide,
et dont on fait usage en chirurgie.

Les secondes espèces de cires végétales comprennent les huiles solides mixtes, qui participent de la nature des huiles fixes, et de celle
des huiles volatiles : elles forment un intervalle
entre les huiles grasses et les huiles volatiles, ou
plutôt elles annoncent cet autre principe immédiat, qui, quoique composé des mêmes
principes, à la vérité dans des proportions
différentes, ont des caractères physiques et
chimiques de toute autre nature.

De la Cire, ou Suif végétal.

Cire végétale.

DÉNOMINATION. { Cire, ou beurre de Galé.
— de Myrica.
— de la Louisiane.
— de Cacao.

Huiles mixtes.

DÉNOMINATION. { Huile de Laurier.
— de Macis.
— de Muscade.

LVIII.ᵉ TABLEAU.

Des huiles volatiles.

OBSERVATIONS.

LES huiles volatiles sont des principes immédiats des végétaux. Les caractères physiques
et chimiques qui leur appartiennent sont tellement saillants, qu'il est impossible de les confondre avec les huiles fixes, avec lesquelles elles
sembleroient avoir quelque rapport, du moins
par les éléments qui les constituent les unes et
les autres.

Les huiles volatiles peuvent être rangées sous

trois genres ou ordres, savoir : 1° en huiles très
légères ou éthérées; 2°. en huiles fluides ou
volatiles; 3° en huiles volatiles demi-fluides
pesantes. Ces trois états des huiles volatiles
démontrent qu'il existe nécessairement des différences entre elles , soit dans leur légèreté
spécifique, soit dans les éléments qui les constituent, soit dans leurs caractères ou propriétés
chimiques.

Les propriétés physiques des huiles volatiles
sont, l'inflammabilité, la volatilité, la légèreté
ou la pesanteur spécifique comparée à celle de
l'eau distillée, et l'odorabilité.

Les propriétés chimiques de ces mêmes huiles
sont, l'insolubilité dans l'eau, à laquelle néanmoins elles communiquent un peu de leur
odeur; leur solubilité dans l'alcohol, mais à des
degrés plus ou moins éminents; leur tendance à
la combinaison avec les alcalis caustiques, mais
beaucoup moindre que celle des huiles fixes;
leur tendance à la combinaison avec l'oxigène
qui les résinifie, la même avec l'acide nitrique,
qui les enflamme subitement. ,

Les huiles volatiles sont composées de beaucoup d'hydrogène, moins de carbone, et plus
ou moins d'oxigène. Celles de ces huiles qui sont
éthérées, ou seulement spécifiquement plus

légères que l'eau distillée, se volatilisent à l'air libre sans laisser de traces après elles. Plus elles sont légères, plus elles sont habiles à volatiliser les huiles fixes qui ont formé des taches sur les tissus.

Les huiles volatiles ne sont point décomposables par l'action immédiate du calorique; elles dissolvent le phosphore, les résines; elles sont miscibles aux huiles fixes ; elles dissolvent le soufre à l'aide du calorique, et le laissent se précipiter par le refroidissement : elles sont décomposables par ce combustible, avec lequel elles forment de l'hydrogène sulfuré.

Les huiles volatiles ont une saveur âcre, brûlante, et rongent la carie des dents. Leur vive et prompte inflammabilité les rend propres à communiquer leur flamme aux autres combustibles.

On se sert des huiles volatiles dans les arts chimiques, dans la pharmacie, dans la parfumerie. On en fait des essences odorantes, des ratafias et liqueurs de table, des pommades odorantes : on en fait usage en médecine.

Les huiles volatiles sont très abondantes dans les végétaux; elles se rencontrent dans toutes leurs parties diverses, mais rarement dans toutes en même temps. L'angélique paroît être la seule qui fasse exception à cette règle; elle en contient dans sa racine, dans sa tige, dans ses feuilles et dans sa semence.

Des Huiles volatiles.

DÉNOMINATION.

Huiles volatiles des

Racines d'Angélique.
— de Benoite.
— de Dictame blanc.
— de Valériane.

Bois de Cèdre.
— de Rhode.
— de Sassafras.

Écorces de Cannelle.
— de Cassia lignea.
— de Cannelle géroflée, ou de Ravend-sara.
— de Winter.

Feuilles d'Absinthe.
— d'Angélique.
— de Basilic.
— de Cajeput (1).
— de Marjolaine.
— de Menthe.
— de Romarin.
— de Rhue.
— de Sabine.
— de Sauge.

(1) Malaleuca Leucadendron.

Suite des Huiles volatiles.

DÉNOMINATION.

> Huiles volatiles des
>
> Feuilles de Serpolet.
> — de Tanésie.
> — de Thym.
>
> Calices de Gérofle.
> — de Lavande.
> — de fleurs d'Oranger ,
>   ou Néroli.
> — de Roses.
>
> Pétales de Camomille.
> — de Roses.
> — de fleurs d'Oranger.
>
> Fruits de Muscade.
> — de Génièvre.
> — de Poivre.
> — de Cubèbes.
>
> Péricarpes d'Amandes amères.
> — de baies de Laurier.
> — de Muscade , ou
>   Macis.
>
> Semences d'Anis.
> — d'Angélique.
> — d'Amomum.
> — de Cardamome.
> — de Coriandre.
> — d'Aneth.
> — de Cumin.
> — de Carvi.
> — de Fenouil , etc.

LIXe TABLEAU.

Du Camphre.

OBSERVATIONS.

LE camphre est un principe immédiat des végétaux, *sui generis*. C'est un combustible composé d'hydrogène et de carbone, pourvu d'un arome qui lui est particulier.

Le camphre est actuellement bien connu depuis les belles expériences des chimistes qui se sont occupés d'en faire l'histoire analytique, physique et chimique. Il est extrêmement répandu dans la nature. On le rencontre dans les racines de zédoaire, du thym, du romarin, de la sauge, de l'énula campana, de l'anémone, de la pulsatille, du cannellier, et principalement dans celle du *laurus camphora* de *Linneus*; dans les tiges et les feuilles de la camphrée, de l'aurone mâle, de la grande lavande, du romarin; dans la plupart des huiles volatiles, singulièrement celles des plantes labiées.

Le camphre est actuellement rangé parmi les remèdes héroïques; il est soluble dans les

huiles grasses, dans l'alcohol, dans les huiles
volatiles, les liqueurs éthérées, dans les acides
nitrique et sulfurique.

Le camphre est un puissant intermède pour
rendre solubles le cahou-tchouc, ou gomme
élastique, le copal. Il est utile dans l'art du ver-
nisseur, et dans celui de l'artificier pour les feux
sur l'eau.

L'art chimique est parvenu à imiter le camphre naturel. M. *Chomet*, pharmacien de Paris,
a annoncé qu'il avoit un procédé pour fabriquer
du camphre. Nous connoissons depuis long-
temps celui de M. *Kind*, qui faisoit dissoudre
de l'essence de térébenthine dans de l'acide sulfurique ou autre, avec addition de muriate de
soude (1).

Le camphre est d'un grand usage dans la
médecine et la chirurgie.

Du Camphre.

DÉNOMINATION. { Camphre { brut.
raffiné ou sublimé.
artificiel.

(1) M. *Kind* a prouvé que l'on pouvoit convertir l'huile de
térébenthine en camphre, du moins la moitié de l'huile employée. MM. *Boullai*, *Clusel*, *Chaumet*, ont répété les expériences de *Kind*, et ont obtenu sept onces et demie de camphre
sur une livre d'huile de térébenthine, en y faisant passer du gaz-

LX.º TABLEAU.

Des Gommes-résines.

LES gommes-résines sont des produits immédiats des végétaux qui participent de l'union
de la gomme et de la résine. Ces produits tiennent une place intermédiaire entre les gommes
ou muqueux, et les résines proprement dites.

Ce genre de produit immédiat est le suc
propre de certains végétaux, notamment de
ceux de la famille des *convolvulus* et des feru-
lacées; c'est particulièrement au collet de la
racine et dans son corps moyen que ce suc
propre se rencontre, qu'il y est à l'état fluide,

---

acide muriatique. Ce camphre artificiel est très blanc, volatil,
odorant, et a une saveur de térébenthine.

Ce camphre se purifie par la sublimation avec le charbon en
poudre ou la chaux vive : sa saveur est moins amère, son
odeur est moins pénétrante que celle du camphre natif; il se
décompose dans l'acide nitrique, en décomposant celui-ci. On
doit regarder cette découverte chimique comme très précieuse
sous le double rapport du service qu'elle peut rendre au commerce et aux arts, et sous celui de l'accroissement de la science
de la chimie, laquelle est souvent l'heureuse rivale de la nature.

et qu'il acquiert de la consistance par la vaporisation de l'humidité. En effet, ce suc se montre d'abord sous l'état laiteux, plus ou moins blanc ou coloré.

On distingue trois états parmi les gommes-résines, savoir, celles qui sont molles ou agglutinatives, celles qui sont sèches, et les résines gommeuses, c'est-à-dire, que la résine y est plus abondante que la gomme.

Les gommes-résines sont principalement à l'usage de la pharmacie et de l'art de guérir. On les emploie intérieurement et extérieurement : on peut en séparer la résine par l'intermède de l'alcohol.

Gommes-résines.

DÉNOMINATION.

Assa-fœtida, ou *Stercus Diaboli.*
Bdellium.
Euphorbe.
Galbanum.
Gomme ammoniaque.
— cancame.
— oppopanax.
Myrrhe.
Sagapenum, ou Gomme séraphique.
Scammonée d'Alep.
—— de Smyrne.

LXIe TABLEAU.

Des Résines.

OBSERVATIONS.

LES résines sont des produits immédiats des végétaux, dont on distingue deux sortes, savoir, les résines liquides et les résines sèches.

Les caractères qui appartiennent aux résines ne peuvent pas être compris généralement, parcequ'il existe des différences sensibles entre les résines liquides et les résines sèches. Les unes et les autres sont inflammables, et plus ou moins odorantes ; mais leur inflammabilité n'est pas égale entre elles.

Les résines liquides sont plus ou moins solubles dans l'alcohol, tandis que les résines sèches sont presque entièrement solubles dans ce fluide.

Les résines liquides sont insolubles dans l'eau ; mais elles lui communiquent un peu de leur odeur : elles ont beaucoup plus de rapport avec les huiles volatiles unies à du carbone qu'avec tout autre corps.

Les résines solides sont friables, inflammables, plus ou moins odorantes, électriques par
le frottement, et solubles dans l'alcohol.

Nous distinguerons les résines en deux ordres. Le premier comprendra les résines liquides, dont plusieurs ont été nommées improprement *baumes*. Le second ordre comprendra
les résines sèches. Dans le nombre, il en est
quelques unes qui ont été obtenues par l'art
chimique, mais qui ne sont pas moins des produits immédiats.

Les résines liquides et sèches sont utiles à la
médecine, à la pharmacie, et à l'art du ver-
nisseur.

Des Résines.

Résine liquide.

DÉNOMINATION.

{

Baume de Canada.
— de Copahu, ou Brésil.
— de Judée, ou de la
Mecque.
Bijon, ou Périnet vierge.
Baume de poix.
Glu.
Stacté, ou Myrrhe liquide.
Térébenthine de Chio.
Térébenthine dite *de Venise*.

Suite des Résines.

Résine sèche.

DÉNOMINATION.

Barras, ou Encens de village.

Colophane, Arcanson, ou Brai sec.

Encens des Indes, ou de Moka.

Galipot.

Ladanum, ou Labdanum.

Manne mastichine.

Mastic.

Oliban, ou Encens fin.

Poix jaune, ou de Bourgogne.

Poix noire, ou navale.

Goudron.

Brai gras, ou Pègle.

Poix bâtarde.

Poix-résine, ou de Pin.

Résine-alouchi.

— animé.

— de Cachibou, ou Gomme de cochon.

— Caragne.

— de Courbaril.

— de Cyprès.

— Élémi.

— d'Étalch.

— de Gayac.

— Gutte.

— de Jalap.

— Laque.

— de Lierre.

— Olampi.

Suite des Résines.

Résine sèche.

DÉNOMINATION. {
Résine de Pistachier, ou de Térébenthe.
— de Scammonée.
— de Turbith.
— de Varancoco.
— de Vernix, ou. Sanrac.
— Sang-dragon.
}

LXIIe TABLEAU.

Des Baumes vrais.

OBSERVATIONS.

LES baumes vrais ou natifs sont des produits immédiats qui exsudent de certains arbres, naturellement, ou à l'aide des incisions.

Les baumes sont ou liquides ou solides. Ce sont des corps odorants, inflammables, solubles dans l'alcohol, solubles en partie dans l'eau, dont ils troublent la transparence, à la faveur d'un acide particulier, que l'on nomme *acide benzoïque*, et qui détermine une solution partielle du corps résineux balsamique.

Le caractère saillant qui assigne aux baumes un rang distinct des résines et des huiles volatiles avec lesquelles ils ont quelque analogie, c'est qu'ils sont pourvus d'un acide odorant, que l'on peut en séparer par la sublimation, ou par l'intermède de l'eau bouillante et la cristallisation. Cet acide est connu sous le nom d'*acide benzoïque.*

Les baumes vrais sont des produits précieux dont l'usage est bien recommandable dans l'art de guérir, dans les parfums les plus exquis, et dans la toilette des femmes. On en prépare des essences odorantes, des sirops, des liqueurs de table, des sachets odorants, des eaux de toilette. Ces baumes sont le vernis principal du taffetas noir et blanc, gommé, pour les coupures.

Des Baumes vrais.

DÉNOMINATION.
{
Baume du Pérou noir.
— du Pérou sec.
— de Saint-Thomé.
— de Tolu, ou de l'Amérique, ou de Carthagène.
— de Vanille.
— de Benjoin.
}

Suite des Baumes vrais.

DÉNOMINATION.	⎰ Liquidambar, ou ambre liquide. ⎱ Storax calamite. ⎰ Storax rouge. ⎱ Styrax liquide.

LXIII° TABLEAU.

Du Cahouc-Thouc et du Copal.

OBSERVATIONS.

LES chimistes ont placé le cahouc-thouc au rang des principes immédiats des végétaux.

Le cahouc-thouc est une substance *sui generis*, laquelle découle par incision d'un arbre de la famille des euphorbes, nommé *siringa* par les Indiens du Pérou, *hhévé* par les habitants d'Esméraldas, et *cahouc-thouc* par ceux du Mainas. Cette substance singulière, qui a la ténacité et l'élasticité du cuir lorsqu'elle est sèche, est un suc blanc, laiteux, dans son état natif. L'essence de térébenthine devient le véritable dissolvant du cahouc-thouc, lorsque celui-ci a été ramolli par une liqueur composée d'une partie de camphre nitrique, et de sept parties d'alcohol saturé de camphre. On sépare

I. 21

la liqueur qui surnage le cahouc-thouc lorsqu'il est ramolli, et on verse par-dessus l'essence de térébenthine, qui en opère la dissolution complètement à froid.

Il paroît, d'après un grand nombre d'expériences faites sur cette matière, qu'elle est de
la nature de l'extractif saturé d'oxigène.

Le cahouc-thouc est une matière importante
par sa grande utilité. On en fait des sondes,
des bougies creuses à l'usage des chirurgiens,
des seringues, des vases de toute espèce, et
jusqu'à des souliers et des bottes. C'est avec le
cahouc-thouc, dissous dans l'essence, que l'on
rend les étoffes de soie imperméables à l'eau.

Le copal a beaucoup d'analogie avec le cahouc-thouc ; il se dissout dans l'alcohol saturé
de camphre, et fait un superbe vernis après
l'avoir lavé à l'eau, et en le mêlant avec
d'autres résines blanches et du nouvel alcohol
à trente-sept degrés (1).

Du Cahou-Tchouc et du Copal.

DÉNOMINATION. $\left\{\begin{array}{l}\text{Cahou-tchouc, ou gomme ou}\\\text{résine élastique.}\\\text{Copal, ou gomme copal.}\end{array}\right.$

(1) Pour avoir une idée exacte de cette opération, il est bon
de savoir que l'eau que l'on ajoute à la dissolution du copal dans
l'alcohol camphré précipite cette matière, la sépare du camphre

LXIV.ᵉ TABLEAU.

De l'Albumine végétale.

OBSERVATIONS.

L'ALBUMINE végétal est un principe immédiat des sucs propres des végétaux : c'est à sa présence qu'est due l'union qui existe entre l'extractif colorant et le suc propre des végétaux.

Les propriétés de l'albumine végétal ont beaucoup d'analogie avec celle de l'albumine animal : il est soluble dans l'eau froide, et se coagule dans l'eau chaude, et dans l'alcohol; alors il se précipite en flocons, et il est devenu insoluble dans l'eau froide comme dans l'eau chaude; mais il diffère de l'albumine animal, en ce qu'il ne contient point d'azote.

L'albumine végétal est peu connu par ses côtés utiles ; cependant j'ai précipité l'albumine des sucs de plantes ci-après nommées,

---

qui surnage ; et qu'en dissolvant de nouveau ce copal précipité, lequel ne fourniroit qu'un vernis sec susceptible de s'écailler, et en le mariant avec un huitième de térébenthine liquide et parfaitement lucide, et quantité suffisante d'alcohol à 37 degrés, le vernis acquiert toutes les qualités désirables.

par le moyen de l'alcohol, et j'ai obtenu un superbe blanc de fard à l'usage des dames, lequel n'a pas l'inconvénient de jaunir à l'air, et n'altère nullement la peau. On mêle ce précipité floconneux avec une eau légèrement gommée, et on l'étend sur la peau avec du coton, à la manière du blanc de fard.

De l'Albumine végétal.

DÉNOMINATION. { Albumine de Joubarbe.
— de Laitue.
— d'Endive ou Scariole.
— de Chicon.

Nota. Toutes les plantes contiennent de l'albumine ; mais nous citons, par préférence, celles qui fournissent un suc incolore.

LXV° TABLEAU.

De la Gélatine végétale.

OBSERVATIONS.

LA gélatine végétale est un principe que l'on rencontre dans plusieurs végétaux. Les caractères qui lui sont propres sont assez saillants

pour la distinguer de la gélatine animale, et
ne la pas confondre avec le principe muqueux
auquel on l'a assimilée un peu mal à propos.

La gélatine végétale est douce au toucher ;
d'une consistance tremblante, liquéfiable à une
douce température : elle est moins prompte à
fermenter que la gélatine animale, et elle ne
dégage point d'ammoniaque par la fermentation.

La gélatine végétale se tire de certains fruits,
tels que les pommes, les poires, les coings, les
groseilles, les framboises, les cerises, etc.

Je regarde comme gélatine fausse, celle de
la mousse de Corse, et du lichen d'Islande.

La gélatine végétale unie au sucre fournit
cette espèce de confitures connues sous le nom
de *geléés de fruits*. Ces gelées sont d'une saveur agréable et très nourrissantes.

De la Gélatine végétale.

DÉNOMINATION.
{
Gelées de Pommes.
— de Poires.
— de Coings.
— de Groseilles.
— de Framboises.
— de Cerises, etc.
}

LXVIe TABLEAU.

De l'Extractif.

L'EXTRACTIF est un principe immédiat des végétaux, que l'on ne sauroit trop faire connoître pour éviter de le confondre avec les autres principes immédiats du genre des extraits, tels que le muqueux, la gomme-résineuse, le résineux proprement dit.

Le caractère chimique qui signale l'extractif est sa solubilité dans l'eau et l'alcohol. Mais ce principe s'oxigène avec le temps et par son contact avec l'air, ou directement avec le gaz oxigène; alors il devient insoluble dans l'eau et dans l'alcohol.

Cette observation donne la solution du phénomène chimique qui se passe perpétuellement à l'égard d'un grand nombre d'extraits de pharmacie, qui, de solubles qu'ils étoient dans l'eau et dans l'alcohol, deviennent insolubles avec le temps, dans ces deux fluides.

On distingue l'extractif en extractif pur, et oxigéné en partie. Il est bien difficile de rencontrer de l'extractif pur, et de le conserver dans cet état de pureté, par la raison qu'il a beaucoup d'attraction pour l'oxigène.

L'extractif saturé d'oxigène est un principe d'un autre ordre, qui a un rapport plus immédiat avec le principe colorant des végétaux. *Voyez* le tableau ci-après.

L'art nous donne des extraits du genre de l'extractif pur, et en partie oxigéné ; tels sont la plupart des extraits que le célèbre *Rouelle* avoit nommés *gommo-résineux savonneux.*

La nature nous offre pour modèles d'extractifs, l'aloës et l'opium natifs : nous lui adjoignons les sucs épaissis des acacias, du cachou, du concombre sauvage, sous le nom d'*elaterium,* et celui d'*hypociste.* Tous ces extractifs sont plus ou moins purs ou oxigénés : ils sont tous réservés pour l'usage de la médecine.

Nous devons prévenir que l'aloës et l'opium natifs sont fort rares, et qu'on leur substitue ceux qui sont obtenus par l'art.

De l'Extractif.

DÉNOMINATION. $\left\{\begin{array}{l} \text{Aloës natif.} \\ \text{Opium natif.} \\ \text{Aloës succotrin.} \\ \text{— hépatique.} \\ \text{— cabalin.} \\ \text{Acacia germanica.} \\ \text{—vera.} \\ \text{Suc d'hypocistis.} \\ \text{Opium } dit \text{ Meconium. Suc} \\ \quad \text{extractif, somnifère.} \\ \text{Elaterium. Suc de concombre} \\ \quad \text{sauvage, purgatif-drastique.} \end{array}\right.$

$\left.\begin{array}{l} \text{Sucs épais-} \\ \text{sis, stom.} \\ \text{et purgat.} \end{array}\right\}$

$\left.\begin{array}{l} \text{sucs épais-} \\ \text{sis, astrin-} \\ \text{gents.} \end{array}\right\}$

LXVIIe TABLEAU.

Matières colorantes, ou Extractif colorant.

OBSERVATIONS.

La matière colorante que l'on rencontre dans les végétaux, est un de leurs principes immédiats; mais ce principe peut être distingué sous deux états; savoir, sous celui d'extractif colorant non saturé d'oxigène, et saturé d'oxigène.

Si nous examinons le principe colorant vert

des feuilles des végétaux, nous remarquons qu'il est un de leurs principes particuliers que l'on peut obtenir à part de l'albumine et du suc propre de ces feuilles. Dans un mémoire *ex professo*, j'ai fait connoître que cette couleur verte des feuilles des végétaux, dont la nuance varie pour ainsi dire à l'infini, étoit due à la présence du prussiate de fer uni à de l'oxide du même métal dans différentes proportions. Cette matière colorante verte est engagée dans un extractif *sui generis*, et est soluble dans l'alcohol et dans les corps huileux et adipeux : on parvient à le rendre insoluble dans l'un ou l'autre de ces dissolvants, en l'oxigénant d'une manière quelconque. Ile xiste donc un principe colorant non saturé d'oxigène ?

L'extractif colorant, saturé d'oxigène, est parfaitement insoluble dans l'alcohol et dans les corps huileux ou adipeux, et n'est soluble que dans les acides et les terres alcalines. Ce caractère particulier en forme un ordre de corps principes, dont l'utilité se rapporte spécialement à l'art de la teinture et de la peinture.

La matière colorante non saturée d'oxigène, telle que celle que l'on sépare des feuilles des végétaux, sert à colorer en vert les huiles, pommades et onguents, les emplâtres à l'usage de la pharmacie.

Le glacier-confiseur transmet cette couleur verte, par l'intermède de l'alcohol, aux fromages glacés.

Les parties des végétaux qui recèlent la matière ou l'extractif colorant, sont les racines, les bois, les feuilles, les fleurs, les fruits propres à l'usage de la teinture. *Voyez* chacun de ces tableaux en particulier.

L'art est parvenu à extraire des matières colorantes, que nous croyons devoir faire connoître sous leur dénomination, pour en offrir des exemples.

Matières colorantes, ou Extractif colorant.

DÉNOMINATION.
{
Indigo.
Orseille.
Pastel de Kermès.
Pastel guède.
Rouge végétal.
Stile de grain.
Tournesol en drapeaux.
— en pains, ou licheno-français bleu.
Vert d'iris.
Vert de vessie.
}

LXVIIIe TABLEAU.

Du Tannin.

OBSERVATIONS.

LE tannin est un principe immédiat des végétaux, qui n'est bien connu que depuis que
l'analyse chimique a été portée au point de
perfection où elle est actuellement.

Le tannin, obtenu séparément des corps dont
il est un des composants, se présente d'abord
sous la forme d'un précipité floconneux de couleur grise-verte, qui ne tarde pas à se brunir
par son contact à l'air et à la lumière, et qui,
lorsqu'il est sec, devient brillant et cassant
comme une résine.

Le tannin est soluble dans l'eau chaude,
dans l'alcohol : il a la propriété de précipiter
la gélatine animale, et de lui donner une consistance solide insoluble dans l'eau. C'est à cette
propriété qu'est due la bonne qualité des cuirs
ou peaux des animaux auxquels on a fait subir
l'opération du tan : c'est à cette même propriété que les chimistes doivent un excellent

réactif pour reconnoître la présence des matières animales dans les eaux minérales, dans
les bouillons ou boissons, et dans les sirops
faits avec des chairs animales.

Le tannin est d'une saveur acerbe et légèrement amère. Le procédé pour l'obtenir est
indiqué dans les ouvrages modernes de pharmacie chimique. Ce principe immédiat est devenu d'une utilité infiniment recommandable,
non seulement dans l'art du tanneur, mais
même dans l'art de guérir : on l'emploie à
petites doses pour guérir les fièvres.

Le tannin est assez répandu dans le système
végétal. Je vais indiquer les différentes parties
des végétaux dans lesquelles il se rencontre.

Du Tannin.

Le Tannin se rencontre *parmi les racines*

DÉNOMINATION.

de Bistorte.
de Tormentille.
de l'Oignon de Scille.

Parmi les écorces

d'Aune, ou verne.
de Chêne.
de Bouleau.
de Frêne.
de Marronnier d'Inde.
d'Orme.
de Saule.
de Simarouba.

Suite du Tannin.

DÉNOMINATION.

> *Parmi les feuilles*
> de Bruyère.
> de Noyer.
> de Raisins d'ours.
> de Sumac.
> de Thé-bou.
>
> *Parmi les fleurs*
> de Balaustes, ou grenades doubles.
> de Roses doubles.
> de Sumac.
>
> *Parmi les fruits.*
> dans l'écorce de Grenade.
> dans la coupe du Gland.
> dans la galle-insecte de Chêne.

Nota. Les deux derniers produits immédiats des végétaux, sont :

1° Le liège, ou *suber.*

2° Le ligneux.

Voyez dans le tableau des écorces l'article *liège* ; et, dans celui des bois, ce que c'est que le ligneux ou fibre végétale.

LXIXe TABLEAU.

Produits de la combustion des Végétaux.

La désorganisation des végétaux peut s'opérer de deux manières, savoir, par la combustion, et par la fermentation.

Après avoir fait connoître les services que nous offrent les végétaux, soit par leurs diverses parties, soit par leurs principes immédiats, il nous reste à faire connoître ceux que l'homme peut tirer de la désorganisation de ces corps par l'une et l'autre puissance. — *Combustion* et *fermentation*. Nous donnerons la priorité aux produits de la combustion.

Déjà, en parlant des combustibles, nous avons établi ses trois degrés, savoir, la combustion commençante, moyenne et absolue. Dans la combustion commençante, le végétal éprouve un commencement de carbonisation ; ce premier degré de carbonisation se montre sensiblement dans tous les corps végétaux, soit huileux, soit résineux, que l'on brûle ou à l'air libre ou dans des vaisseaux fermés, de manière que le produit charbonneux retient une plus ou moins grande quantité de principes très combustibles : tels sont le noir de fumée et le résidu charbonneux que l'on obtient par l'analyse dans les vaisseaux fermés, à une température supérieure à celle de l'eau bouillante. Exemple, *l'asphalte* des Hollandois.

Dans la combustion moyenne, on obtient les charbons, proprement dits, privés de tous principes huileux ou volatils.

La combustion absolue est celle qui donne pour produits des cendres, lesquelles contiennent des sels neutres, et sur-tout de la potasse carbonatée.

Chacun de ces produits de la combustion a son genre d'utilité plus ou moins importante.

Le noir de fumée, celui que l'on trouve dans l'intérieur des tuyaux de poële et que l'on nomme *bistre*, servent à la peinture. On teint avec le dernier les cuirs en noir. L'asphalte sert à la médecine, à faire du mastic pour les terrasses, étant mêlé avec de la poix noire. Il sert de vernis noir sur les ouvrages de fer, tels que serrures, tringles, espagnolettes, cabarets et vases de fer blanc, etc.

L'utilité du charbon végétal est d'un intérêt infini : outre ses usages comme combustible, il sert dans les travaux des mines en grand pour la fonte et la réduction des métaux; il entre dans la composition du fer de fonte; on l'emploie dans la docimasie, dans la métallurgie; il sert de support pour les essais à la lampe des émailleurs; il entre dans la composition de la poudre à canon; les peintres et les graveurs emploient le charbon de saule et celui du fusain, pour esquisser leurs dessins.

Le charbon absorbe les effluves de putridité, et convient dans les cas de contagion de l'air. On le répand en poudre grossière sur les terres chargées d'émanations putrides, et non pas de la chaux vive, comme le pensent certaines personnes qui ont un peu négligé la connoissance des attractions chimiques : on se sert du charbon extérieurement en l'appliquant sur la teigne, sur les plaies ichoreuses, et pour retarder les progrès de la gangrène. On en fait usage intérieurement comme tonique et antiseptique; mais on en est aujourd'hui à le soupçonner propre contre la goutte. Nous attendons le rapport des expériences à cet égard.

Le charbon sert de filtre pour désinfecter et dépurer l'eau corrompue. Les tonneaux dont l'intérieur est charbonné, conservent l'eau saine dans les voyages de long cours.

Le charbon, comme mauvais conducteur du calorique, préserve de la fermentation les végétaux et les animaux qui en sont entourés ; il garantit aussi les végétaux contre l'action de la gelée, en empêchant le calorique de la terre qu'il recouvre, de s'échapper pour se combiner avec l'air froid extérieur.

On se sert du charbon dans les laboratoires de chimie, pour *désodorer* et décolorer les liqueurs, les huiles et les sels volatils, à l'aide de la distillation. Enfin, le charbon est un excellent engrais lorsqu'il est mêlé avec du terreau, pour les arbres à fruits sucrés et à noyaux.

La combustion absolue des végétaux produit des cendres dont on sépare, par la lixiviation, les sels, la potasse carbonatée, le carbonate de soude.

Les cendres servent d'engrais sur les terres fortes ou compactes ; elles servent à blanchir le linge dans les lessives particulières, et les buanderies : on s'en sert dans les verreries pour aider à la fusion du sable dont on fait le verre commun, dit de *fougère*.

Produits de la combustion des Végétaux:

Combustion. Premier degré.

DÉNOMINATION.
$\left\{\begin{array}{l}\text{Noir de fumée.}\\\text{Bistre.}\\\text{Bitume de Judée, ou asphalte}\\\text{factice.}\end{array}\right.$

Second degré.

DÉNOMINATION.
$\left\{\begin{array}{l}\text{Charbon de Bourg-épine.}\\\text{—\quad de Fusain.}\\\text{—\quad de Saule.}\\\text{—\quad de Bois blanc.}\\\text{—\quad de Hêtre.}\\\text{—\quad de Bois de Chêne.}\\\text{—\quad de Tourbe.}\end{array}\right.$

Troisième degré.

DÉNOMINATION.
$\left\{\begin{array}{l}\text{Cendre de Bois neuf.}\\\text{Potasse du commerce.}\\\text{Soude en pierre.}\\\text{Cendre de Tourbe.}\end{array}\right.$

LXX° TABLEAU.

Produits de la fermentation des Végétaux.

OBSERVATIONS.

LES produits les plus remarquables de la fermentation sont de trois sortes, savoir, les liqueurs
vineuses, les liqueurs acéteuses, et la terre végétale, ou la terre *humus*.

Il est bien reconnu aujourd'hui que la fermentation est une puissance unique qui s'exerce
sur tous les corps organisés végétaux et animaux,
et sur les produits qui en résultent, lorsque les
uns ou les autres de ces corps sont accompagnés
des conditions accessoires qui doivent contribuer
à leur désorganisation, soit relative, soit complète, soit absolue. Suivons avec méthode les
effets de cette puissance (la fermentation) sur
les corps végétaux.

Le principe muqueux fournit immédiatement, par la fermentation, un produit analogue
au vinaigre, mais d'une qualité foible, et qui
marche rapidement à sa décomposition.

Le principe muqueux sucré donne un produit
vineux, par suite de la fermentation. Si la liqueur
vineuse acquiert successivement une propriété
et une saveur acide, c'est que la portion alço-
holique qui constitue le vin n'est pas suffisante
pour protéger la partie extractive de ce vin
contre l'oxigénation, ou, en d'autres termes,
contre sa tendance à la combinaison avec l'oxigène avec lequel on le met en contact. Si le vin
est chargé de beaucoup d'alcohol, il ne se convertit en vinaigre qu'à l'aide d'une température
élevée à 30 degrés; alors une partie de l'alcohol
se volatilise et se perd dans l'atmosphère.

Ces deux produits de la fermentation ne sont
que des résultats d'une désorganisation relative,
d'où il arrive changement de corps en d'autres
corps de nature différente, par le fait des nouvelles combinaisons qui se sont opérées.

La désorganisation complète est celle dans
laquelle il s'opère une dissociation des principes
constituants des corps, en sorte qu'il y a conversion totale des corps organisés en corps inorganiques. Les végétaux amenés par la fermentation
à une désorganisation complète constituent la
terre végétale, ou l'*humus* des jardins. Nous
devons faire remarquer que la désorganisation

des végétaux, qui a lieu annuellement dans les
marais à tourbe, n'est pas complète, par la raison
que la quantité d'eau dans laquelle ces végétaux
ont pris naissance, excède les proportions convenables à la fermentation proprement dite.
Dans cette circonstance, la fibre végétale conserve une partie de ses facultés organiques.

Si nous considérons maintenant les produits
de la fermentation sous le rapport de leur utilité, nous voyons que tous les corps muqueux
sucrés donnent naissance à la formation des
liqueurs vineuses. *Voyez* le tableau XXVIII.
On obtient de ces liqueurs vineuses les espèces
de vinaigres. De ces diverses espèces de vins,
on tire un très grand parti dans les usages domestiques et dans la médecine; on en obtient, par
la distillation, des eaux-de-vie , des alcohols
dont les services sont très nombreux, tant dans
les arts du distillateur, du parfumeur, du ver-
nisseur, que dans celui du pharmacien chimiste,
et dans les usages économiques.

Si nous poursuivons plus loin nos remarques
sur les produits de la fermentation, première-
ment sur celle qui n'est pas complète, nous
reconnoissons que les végétaux qui naissent et
se désorganisent annuellement dans les marais,

nous fournissent un combustible connu sous le nom de tourbe (1).

Enfin les végétaux, complètement désorganisés, mais non absolument, fournissent le terreau ou la terre végétale appelée *humus* des jardins (2). Cette terre convient parfaitement à la végétation : on en forme des couches en la mêlant avec du fumier ; et ces couches consommées sont très propres à améliorer les productions des végétaux à fruits sucrés.

Nous distinguons les produits de la fermentation des végétaux en quatre genres ou sections.

---

(1) Nous reviendrons sur l'histoire de la tourbe, en faisant celle des corps inorganiques, sous le nom de minéraux.

(2) *Voyez* l'article *humus* des jardins, au second volume.

Produits de la fermentation des Végétaux.

Premier genre.

DÉNOMINATION.
{
Vins { blancs. / rouges. / mousseux.

Cidre.

Poiré.

Bière.

Hydromel vineux.

Vin de Genièvre.

Vins de liqueurs, ou sucrés.

d'Espagne.

de Portugal.

de Canarie.

de Hongrie.

d'Italie.

Vins grecs.
}

Second genre.

DÉNOMINATION.
{
Vinaigre de Vin.

—   de Cidre.

—   de Poiré.

—   de Bière.
}

Troisième genre.

DÉNOMINATION.   Tourbe.

Quatrième genre.

DÉNOMINATION. { Terreau, ou terre *humus* des jardins.

FIN DU TOME PREMIER.

LIVRES

QU'ON TROUVE EN NOMBRE

CHEZ F. SCHOELL,

Rue des Fossés S.-Germain-l'Auxerrois, n° 29,
A Paris.

CHATEAU (le) de Marienbourg en Prusse, gravé par *F. Frick*, in-fol. Berlin, 1803. fr. 300.

Conchyliologie systématique, et classification méthodique des coquilles, offrant leurs figures, leurs descriptions génériques et caractéristiques, leurs noms, ainsi que leurs synonymes en plusieurs langues. Ouvrage destiné à rendre enfin aussi facile que claire l'étude des coquilles et l'arrangement des cabinets d'histoire naturelle; par M. *Denis de Montfort.* vol. 1 in-8°, contenant les coquilles univalves cloisonnées. Paris, 1808. fr. 12, et fr. 13. 60 cent. franc de port; les fig. color. fr. 18, et fr. 19. 60 cent. franc de port : sur papier vél., fig. color. 24 fr. fr. 25. 60 cent. franc de port.

Conjectures (mes) sur le feu, considéré dans l'univers et dans l'homme physique et moral; suivis de l'appel entier de cette théorie aux travaux des forges, par *J. B. P. Baudreville*, 2 vol. in-8°. Strasbourg 1808. fr. 11. franc de port, fr. 13. 25 cent.

Collection de lois, actes, ordonnances, et autres pièces officielles, relatives à la confédération du Rhin, vol. 1—4, composés de 12 cahiers, in-8°. Paris 1808. fr. 24. franc de port dans les dép. 30 fr.

Costumes suisses, dessinés d'après les tableaux de *Reinhard*, par *Hægy*, et publiés par *P. Birmann* et *Huber* à Bâle, 44 feuilles. fr. 480.

  Il n'existe pas de pays qui sur la même surface offre une plus grande variété de costumes que la

Suisse, où les modes étrangères ont eu peu d'accès, et où chaque canton, chaque district a conservé depuis plusieurs siècles sa manière de vivre et de se vêtir. Cette variété de costumes, quelquefois très pittoresques, souvent bizarres, frappe tous les voyageurs : elle a donné naissance à un assez grand nombre de recueils où ils ont été représentés. De toutes ces entreprises, celle de MM. *Birmann* et *Huber* se distingue par la perfection de l'exécution et par l'intérêt que les artistes, dont les talents réunis y ont concouru, ont su donner à ces planches. Chacune représente un groupe de deux ou trois individus en action, avec un fond où l'on voit tantôt un site du pays, tantôt l'intérieur d'une maison, où l'occupation ordinaire des habitants d'un canton. M. *Reinhard* a parcouru, pendant quelques années, toute la Suisse pour faire ces tableaux sur les lieux mêmes : tout a été peint d'après nature ; les têtes étant toutes des portraits, offrent les traits caractéristiques des physionomies de ce pays, où les races se sont moins mêlées que par-tout ailleurs.

Essai sur l'origine de la gravure en bois et en taille-douce, et sur la connoissance des estampes des 15ᵉ et 16ᵉ siècles ; où il est parlé aussi de l'origine des cartes à jouer et des cartes géographiques, suivi de recherches sur l'origine du papier de coton et de lin ; sur la calligraphie, depuis les plus anciens temps jusqu'à nos jours ; sur les miniatures des anciens manuscrits ; sur les filigranes des papiers des 14ᵉ, 15ᵉ et 16ᵉ siècles ; ainsi que sur l'origine et le premier usage des signatures et des chiffres dans l'art de la typographie. 2 vol. in-8°, avec 20 grav.— Paris, 1808. — Prix, fr. 15. et fr. 18. franc de port dans les départements ; sur papier grand-raisin vélin satiné, fr. 30. et fr. 33. franc de port dans les départements.

Flore des Antilles, ou histoire générale botanique, rurale et économique des végétaux indigènes des Antilles, et des exotiques qu'on est parvenu à y naturaliser ; décrits d'après nature, selon le système sexuel de Linné et la méthode naturelle de Jussieu ;

enrichie de planches dessinées, gravées et coloriées
avec le plus grand soin; par M. *de Tussac,* livraisons
1—3 in-fol., papier grand-jésus vélin, fr. 90.

Flore Parisienne, contenant la description des plantes
qui croissent naturellement dans les environs de
Paris ; ouvrage orné de figures, et disposé suivant
le système sexuel, par *A. Poiteau* et *P. Turpin,*
livraison 1 à 6, in-folio, papier grand-colombier
vélin, dont on n'a tiré que douze épreuves, avec fig.
en couleur, fr. 288. In-folio, pap. grand-jésus vélin,
en couleur, fr. 150. In-4°, pap. grand-jésus fin, fig.
noires, fr. 54.

Grammaire générale synthétique, ou développement des
principes généraux des langues, considérées dans
leur origine, leurs progrès et leur perfection ; méthode nouvelle, mise à la portée des élèves des lycées
et des écoles secondaires, par *C. Leber,* in-8°. Paris
1808. fr. 3. et franc de port fr. 4. pap. vel. fr. 5. et
franc de port fr. 6.

Histoire des carex ou laiches, contenant la description
et les figures coloriées de toutes les espèces connues,
et d'un grand nombre d'espèces nouvelles, par *Ch.
Schkuhr.* Traduite de l'allemand, et augmentée par
G. F. de La Vigne, in-8°. Leipsic 1802. fr. 45.

Histoire naturelle de la montagne de Saint-Pierre de
Mæstricht, par *B. Faujas de Saint-Fond;* in-4°
avec 54 planches. Paris 1799. fr. 80. In-fol. Papier
vélin, dont il n'a été tiré que 100 exemplaires,
fr. 160.

Institutions commerciales, traitant de la jurisprudence
marchande et des usages du négoce, d'après les anciennes et nouvelles lois ; ouvrage enrichi des juge-
ments les plus célèbres de l'ancien et du nouveau
régime, de tableaux, formules, actes, contrats, papier de crédit actuellement usités, et de tout ce qui
appartient au contentieux commercial; par *Boucher,*
in-4°. Paris 1804. fr. 15. et fr. 18. franc de port
dans les départements.

Instruction sur la nature et la guérison du tournoie-
ment des brebis ; ouvrage destiné aux économes et
aux bergers, et orné d'une planche. In-12. Paris
1808. fr. 1. 80 c. et fr. 2. 10 c. franc de port.

Manuel de pharmacopée moderne, par *J. F. Chortet*, in-8°. Paris, 1808, fr. 3, franc de port, fr. 3. 60 c.

Mémoire, ou recherches sur le système nerveux en général, et sur celui du cerveau en particulier ; présenté à l'Institut de France le 14 mars 1808 : suivi d'observations sur le rapport qui en a été fait à cette compagnie par ses commissaires. Par MM. *F. J. Gall* et *Gasp. Spurtzheim*. 1 vol. grand in-4° , sur papier fin et papier vélin, avec une planche.

OEuvres complètes d'*Horace*, traduites en vers par *P. Daru*, membre de l'Institut national, conseiller d'état, intendant de la liste civile ; avec le texte latin , une dissertation sur les participes françois, et des notes. 4 v. in-8°. Paris 1804. fr. 15. franc de port fr. 18. 40 c.

   Les mêmes, papier grand-raisin vélin, cartonnées à la Bradel. fr. 30.

OEuvres complètes de *Montesquieu*, avec les notes d'Helvétius sur l'esprit des lois , et toutes les œuvres posthumes, 8 vol. in-8°. Bâle 1799. fr. 24. franc de port dans les départements , fr. 36.

Répertoire de littérature ancienne, ou choix d'auteurs classiques grecs et latins , d'ouvrages de critique , d'archéologie , d'antiquités , de mythologie , d'histoire et de géographie anciennes , imprimés en France et en Allemagne. Nomenclature de livres latins , françois et allemands sur diverses parties de la littérature. Notice sur la stéréotypie ; par *Fréd. Schoell*, 2 vol. in-8°. Paris 1808. Prix : fr. 10. et fr. 12. 50 c. franc de port dans les départements ; sur pap. vélin , fr. 20. et fr. 22 50 cent. franc de port dans les départements.

Rose et Damète , roman pastoral en trois livres, traduit du hollandois de M. *Loosjes* ; grand in-18. Papier vélin , avec vignette. Paris 1806. fr. 3. 50 c. franc de port dans le départements, fr. 4.

Tableau des hauteurs principales du globe, fondé sur les mémoires les plus exacts, et publié à Berlin par *Chr. de Mechel* en 1806, avec une explication in-4°. fr. 10.

Tableau méthodique des espèces minérales, présentant la série complète de leurs analyses et la nomenclature de leurs variétés, extrait du traité de minéralogie de M. *Haüy*, et augmenté des nouvelles découvertes ; auquel on a joint l'indication des gisements de chaque espèce, et la description abrégée de la collection de minéraux du Muséum d'histoire naturelle, par *J. A. Lucas* ; imprimé avec l'approbation de l'assemblée administrative des professeurs du Muséum d'histoire naturelle : vol 1. in-8°. orné de planches. Paris 1805. fr. 7., et fr. 8. 50 c. dans les départements.

Tableaux de la nature, ou considérations sur les déserts, sur la physionomie des végétaux et sur les cataractes ; par *A. de Humboldt* ; traduit de l'allemand par *J. B. B. Eyriès*, 2 vol. in-12. Paris 1808. fr. 5. et franc de port, fr. 6. 20 c. Pap. vélin., fr. 8., et franc de port, fr. 9. 20 c.

Tableau des révolutions de l'Europe depuis le bouleversement de l'empire romain en Occident, jusqu'à nos jours ; précédé d'une introduction sur l'histoire, et orné de cartes géographiques, de tables généalogiques et chronologiques. Précédé d'une introduction sur l'histoire, et orné de cartes géographiques, de tables généalogiques et chronologiques, par M. *Koch*. 3 vol. in-8°. Paris 1807. fr. 24. fr. 30. franc de port. Pap. grand-raisin, fr. 30. Grand-raisin vélin satiné, cartonné, fr. 48.

Traité de l'inflammation et de ses différentes terminaisons, par *J. F. Chortet*, in-8°. Paris, 1808, f. 3. 50 c. franc de port, fr. 4. 25 c.

Traité des pierres précieuses, des porphyres, granits, marbres, albâtres, et autres roches propres à recevoir le poli et à orner les monuments publics et les édifices particuliers ; suivi de la description des machines dont on se sert pour tailler, polir et travailler ces pierres, et d'un coup-d'œil général sur l'art du marbrier ; ouvrage utile aux joailliers, lapidaires, bijoutiers, aux architectes, décorateurs, etc., etc., orné de planches ; par *C. Prosper Brard*, attaché au Muséum d'histoire naturelle. Paris 1808. 2 vol. in-8°, ornés de planches. fr. 10., et franc de port, fr. 12. pap. vélin, fr. 15., et franc de port, fr. 17.

Valérie, ou lettres de Gustave de Linnar à Ernest de G. (par Mad. *la baronne de Krüdener*). Troisième édition, 2 vol. in-12. Paris 1804. fr. 3. 75 c. , et franc de port, 5. fr. Pap. vélin, fr. 7. 50, et franc de port, fr. 8.75 c.

Voyage en Angleterre, en Écosse et aux îles Hébrides, ayant pour objet les sciences, les arts, l'histoire naturelle et les mœurs; avec la description minéralogique du pays de Newcastle, des montagnes du Derbyshire, des environs d'Edinburgh, de Glasgow, de Perth, de Saint-Andrews, du duché d'Inverary, et de la grotte de Fingal; par *B. Faujas de Saint-Fond*; 2 vol. in-8° avec figures. Paris 1787. fr. 12. et franc de port, fr. 15. 2 vol. in-4° fr. 24.

Voyage dans l'intérieur de l'Amérique, dans les années 1799 à 1803, par MM. *de Humboldt* et *Bonpland*; 10 vol. in-4° avec 3 atlas, et 4 vol. in-fol.

Le grand nombre de matériaux que MM. *Alexandre de Humboldt* et *Aimé Bonpland* ont rapportés du voyage qu'ils ont fait dans l'intérieur de l'Amérique, dans les années 1799, 1800, 1801, 1802 et 1803, et la diversité des objets sur lesquels leurs recherches se sont étendues, les ont engagés à diviser la relation de leur voyage en 6 parties ou recueils détachés, dont chacun renfermant les observations du même genre, offre aux amateurs la facilité de ne se procurer que la partie qui les intéresse plus particulièrement. Tous ces ouvrages portent le titre de *Voyage de Humboldt* et *Bonpland*. Indépendamment de ce titre général, chaque partie porte un titre particulier, et se vend séparément. Ils seront tous imprimés dans le même format, à l'exception de ceux de botanique et des atlas, qui exigent un format plus grand pour le développement des figures.

Un prospectus détaillé, qu'on distribue au bureau de ce voyage, rue des Fossés-St.-Germain-l'Auxerrois, fait connoître la division du voyage et le but que les auteurs se sont proposé dans chaque partie. Voici le tableau des livraisons qui ont paru :

	Papier vélin.	Papier fin.
Partie I. Physique générale et Relation historique du voyage; vol. 1er in-4° contenant l'Essai sur la géographie des Plantes, orné d'un grand tableau colorié . . . . On peut avoir les exemplaires du papier fin avec la carte en noir ; ils ne coûtent alors que fr. 3o. La carte seule se vend séparément, coloriée fr. 35 ; en noir fr. 25. (La Relation historique elle-même en 4 vol. in-4°, et 2 atlas, est sous presse).	fr. 6o.	fr. 4o.
Partie II. Zoologie et Anatomie comparée, livraisons, 1, 2, 3 , in-4°, ornées de 14 planches	63.	45.
Partie III. Statistique du Mexique, livraison 1re et 2e, in-4°, avec 2 livraisons de l'atlas, in-fol.	108.	84.
Partie IV. Astronomie et Magnétisme, livraison 1re, in-4°, avec le *conspectus longitudinum et latitudinum*.... Le *conspectus* seul, pap. vélin fr. 9 ; pap. fin, fr. 6.	6o.	45.
Partie V, ou minéralogique, (*sous presse*).		
Partie VI. Botanique. Plantes équinoxiales, 1 vol. in-fol., avec 69 pl....... Quelques exemplaires sur grand colombier vélin , à fr. 394.	234.	* 234.
Neuvième livraison, ou 1re du 2d v.... Sur grand colombier vélin, fr. 54.	32.	* 32.
Monographie des Melastomes , livraisons 1—8 , ornées de 40 planches......... Il en a été tiré quelques exemplaires sur pap. gr. colombier vélin, à fr. 480.	288.	* 288.
TOTAL.	fr. 845.	fr. 768.

*** } *Nota*. La partie botanique n'existe que sur papier vélin.

En attendant que les éditeurs aient fait graver les portraits des deux voyageurs avec tout le soin qu'ils méritent, on peut ajouter à cette collection celui de M. *de Humboldt* , gravé à l'eau-forte par M. Aug. Desnoyers d'après un croquis de M. Gérard, fr. 4. 50 c.

8

Chez le même libraire , on trouve un assortiment considérable de livres imprimés en Allemagne et dans le Nord , nommément la collection complète des éditions d'auteurs classiques grecs et romains , qui y ont paru depuis 5o à 6o ans , et les meilleurs ouvrages allemands.

www.ingramcontent.com/pod-product-compliance
Lightning Source LLC
Chambersburg PA
CBHW061114220326
41599CB00024B/4043